QUANGUO DIANLI
JIXUJIAOYU
GUIHUA JIAOCAI
全国电力继续教育
规划教材

配电自动化系统安全防护培训教程

国家电网有限公司技术学院分公司　编

中国电力出版社
CHINA ELECTRIC POWER PRESS

内容提要

本书为全国电力继续教育规划教材。

全书共5章，第1章主要介绍新一代配电自动化系统，并概括了配电自动化系统安全防护的主要内容；第2章主要从电网企业角度解读国家网络安全法及国家电网有限公司（国网公司）落实安全法的具体措施，包括配电自动化系统安全防护方案、网络与信息安全的应急管理、网络与信息安全的灾备以及信息系统等级保护测评；第3章重点介绍配电自动化系统通用安全防护技术，包括防火墙、漏洞扫描技术等；第4章主要介绍配电自动化网络中常见的五种安全攻击方式，并给出了相应的防御措施；第5章主要介绍配电自动化系统安全运维及管理的主要内容，并列举国网公司开展配电自动化设备安全管理的实例。

本书可作为电网公司配电自动化系统网络与信息安全运维人员及管理人员的入职培训和岗位培训教材，也可作为相关专业成人教育、高职高专教育的专业教材，还可作为相关专业人员参考书。

图书在版编目（CIP）数据

配电自动化系统安全防护培训教程 / 国家电网有限公司技术学院分公司编. —北京：中国电力出版社，2021.1
全国电力继续教育规划教材
ISBN 978-7-5198-5229-0

Ⅰ. ①配… Ⅱ. ①国… Ⅲ. ①配电系统－自动化系统－安全防护－继续教育－教材 Ⅳ. ① TM727

中国版本图书馆 CIP 数据核字（2020）第 253987 号

出版发行：中国电力出版社
地　　址：北京市东城区北京站西街 19 号（邮政编码 100005）
网　　址：http://www.cepp.sgcc.com.cn
责任编辑：乔　莉
责任校对：黄　蓓　李　楠
装帧设计：王红柳
责任印制：吴　迪

印　　刷：北京传奇佳彩数码印刷有限公司
版　　次：2021 年 1 月第一版
印　　次：2021 年 1 月北京第一次印刷
开　　本：710 毫米 ×1000 毫米　16 开本
印　　张：9.25
字　　数：130 千字
定　　价：38.00 元

版 权 专 有　侵 权 必 究

本书如有印装质量问题，我社营销中心负责退换

编审委员会

主　编　马梦朝　范　伟

编写组　何连杰　韩寅峰　王　磊　牛永志　赵　莉

李燕超　张崇超　商　玲　单偶双　只　爽

裴　英　任　烁　李　培　史小娇　尚　亮

张燕燕　尹青华　李海凤

审核组　徐志恒　张智远　王东杰　高楠楠　李宏博

沈洪亮　刘卫强　马志广　张　彦　王　莉

郭　婷

前言

随着配电自动化技术的快速发展及深化应用，配电网的运行监控模式发生了重大变化，对网络与信息技术的依赖程度不断增强；而配电自动化设备分布点多面广，安装位置较为分散，随之而来的网络与信息安全的风险不断提高。如何加强配电自动化系统的网络与信息安全防护已经成为保障配电网运行监控安全稳定运行急需解决的问题。

2017 年 6 月 1 日，我国颁布了《中华人民共和国网络安全法》，从法律层面阐述了网络与信息安全的重要性，进一步明确了网络与信息安全的主体责任。因此，国家电网公司设备部开始全面加强配电自动化网络与信息安全防护队伍建设，从理论知识、现场实践、管理模式等各方面提升配电自动化网络与信息安全专业技术水平。

本教材对配电自动化系统及配电自动化系统网络与信息安全基础理论知识做了详细的介绍，有助于配电自动化系统网络与信息安全运维人员及管理人员全面了解配电自动化系统整体系统结构、网络结构、安全防护基本原则、安全防护设备应用场景及安全防护现场运维基本要求等内容，提高专业技术水平。

由于网络与信息安全领域的快速发展，作者团队的专业技术水平及编写时间有限，教材中难免存在疏漏和不足，敬请专家和读者批评指正。

编　者

2020 年 8 月

目录

目录

第 1 章　配电自动化系统概述

本章前两节讲述配电自动化系统的基本概念、构成及基于大数据和云架构技术的配电主站系统概述，第三节概括了配电自动化系统安全防护的主要内容。通过本章的学习，读者可对新一代配电自动化系统有所了解，对配电自动化系统安全防护有初步认识，为后续配电自动化系统安全防护具体内容的学习做好准备。

1.1　配电自动化系统基本概念及构成

所谓配电系统自动化，就是利用现代电子、计算机、通信及网络技术，将配电网在线数据和离线数据、用户数据、电网结构和地理图形进行信息集成，构成完整的自动化系统，实现配电网及其设备在正常运行及事故状态下的监测、保护、控制。配电自动化是现代信息技术在配电网控制与管理中的应用，是一个综合性的计算机系统，系统的数据、信息应该共享，各项功能之间应该互相配合。在 Q/GDW 1382—2013《配电自动化技术导则》中，对配电自动化的定义是：配电自动化以一次网架和设备为基础，综合利用计算机、信息及通信等技术，通过与相关应用系统的信息集成，实现对配电网的监测、控制和快速故障隔离。

配电自动化系统是实现配电网运行监视和控制的自动化系统，具备监测控制和数据采集与监视控制系统（Supervisory Controland and Data Acquisition，SCADA）、故障处理、分析应用及与相关应用系统互联等功能，以配电网调控和配电网运维检修为应用主体，整体满足配电运维管理、抢修管理和调度监控等功能应用需求，以及与配电网相关的其他业务协同需求，提升配电网精益化管理水平。该系统主要由配电自动化系统主站、配电自动化系统（子站）、配电自动化终端和通信网络等部分组成。图 1-1 为配电自动化系统硬件布置图。

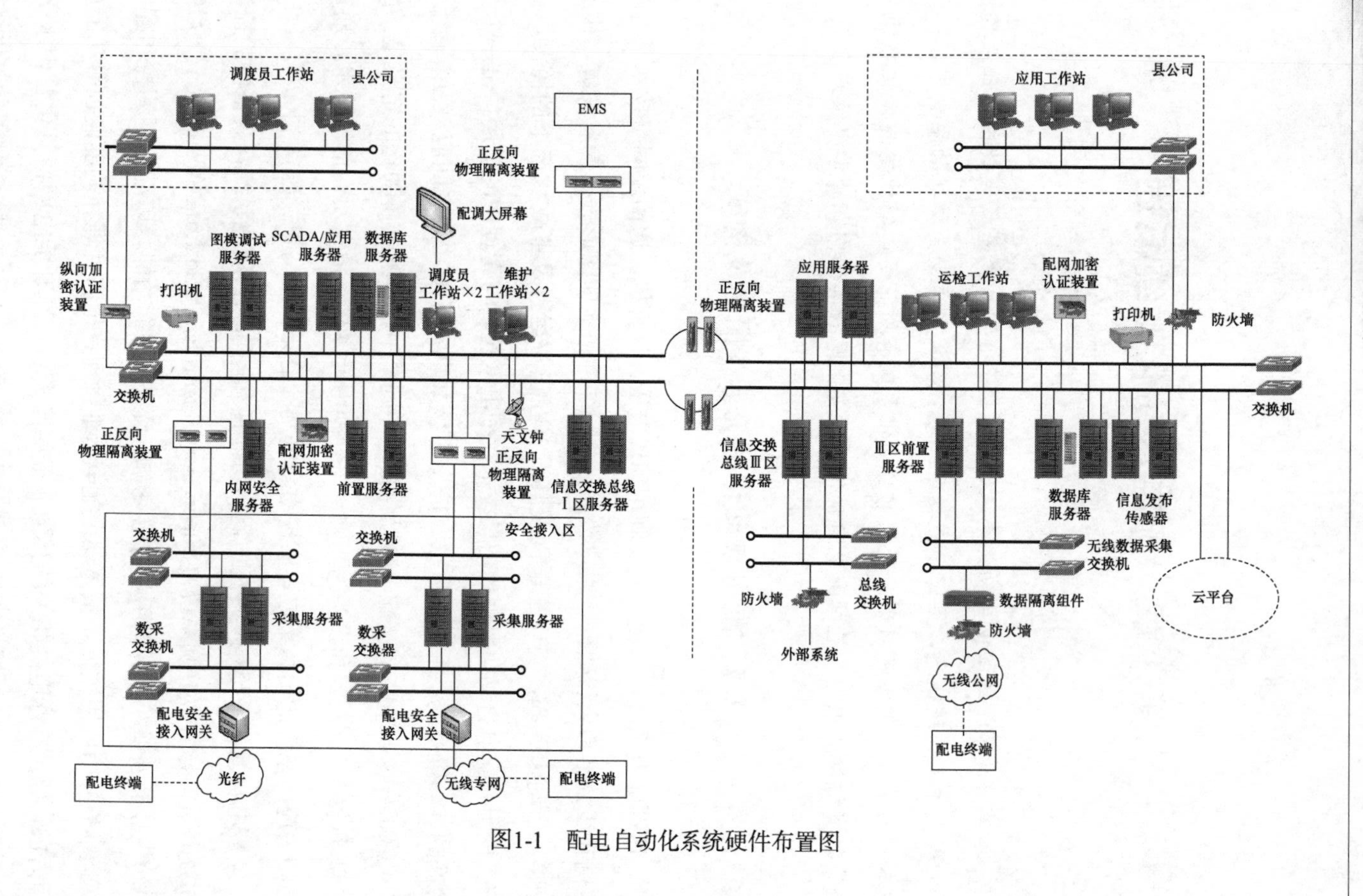

图1-1 配电自动化系统硬件布置图

配电自动化主站建设分为三种方式：一是生产控制大区分散部署、管理信息大区集中部署方式；二是生产控制大区、管理信息大区系统均分散部署方式；三是生产控制大区、管理信息大区系统集中部署方式。下面以生产控制大区、管理信息大区系统集中部署方式为例进行介绍。配电自动化主站主要是由系统硬件、操作系统、支撑平台软件、应用软件组成，完成对配电网信息的采集、处理与存储，并结合采集处理的信息对配电网进行分析、计算和决策控制。其中，支撑平台软件包括系统数据总线和平台的多项基本服务，应用软件包括配电 SCADA、馈线自动化等基本功能及状态估计等扩展功能，支持通过信息交互总线实现与其他相关系统的信息交互。图 1-2 为配电自动化主站组成结构。

1.2　基于大数据和云架构技术的配电主站系统

1.2.1　配电云数据平台

配电云数据平台基于云服务平台，可实现基于云平台的数据存储，开发适用于大数据的计算分析样序，代替现有算法。通过 Storm、Spark 等大数据分析工具，综合分析从配电终端采集的数据采集和数据交互总线获取的业务数据，为配电微服务中心、主站应用提供数据支撑。配电云数据平台结构如图 1-3 所示。

1.2.2　统一数据模型

数据处理是配电网生产经营管理过程中各类业务数据存储、处理、融合的核心。通过改善业务集成，消除数据冗余，归并整合业务系统，实现源端数据逻辑统一、分布合理、干净透明，为业务处理类应用提供支撑，推进业务流程贯通和数据共享，保障数据质量，提升数据应用水平基础。

统一数据模型可使业务设计、开发、部署更加简单、清晰可靠。使用统一数据模型可以不必对数据获取、存储进行重复开发，而将精力专注于业务应用，提供业务应用质量，促进业务进入新的、有价值的发展方向。

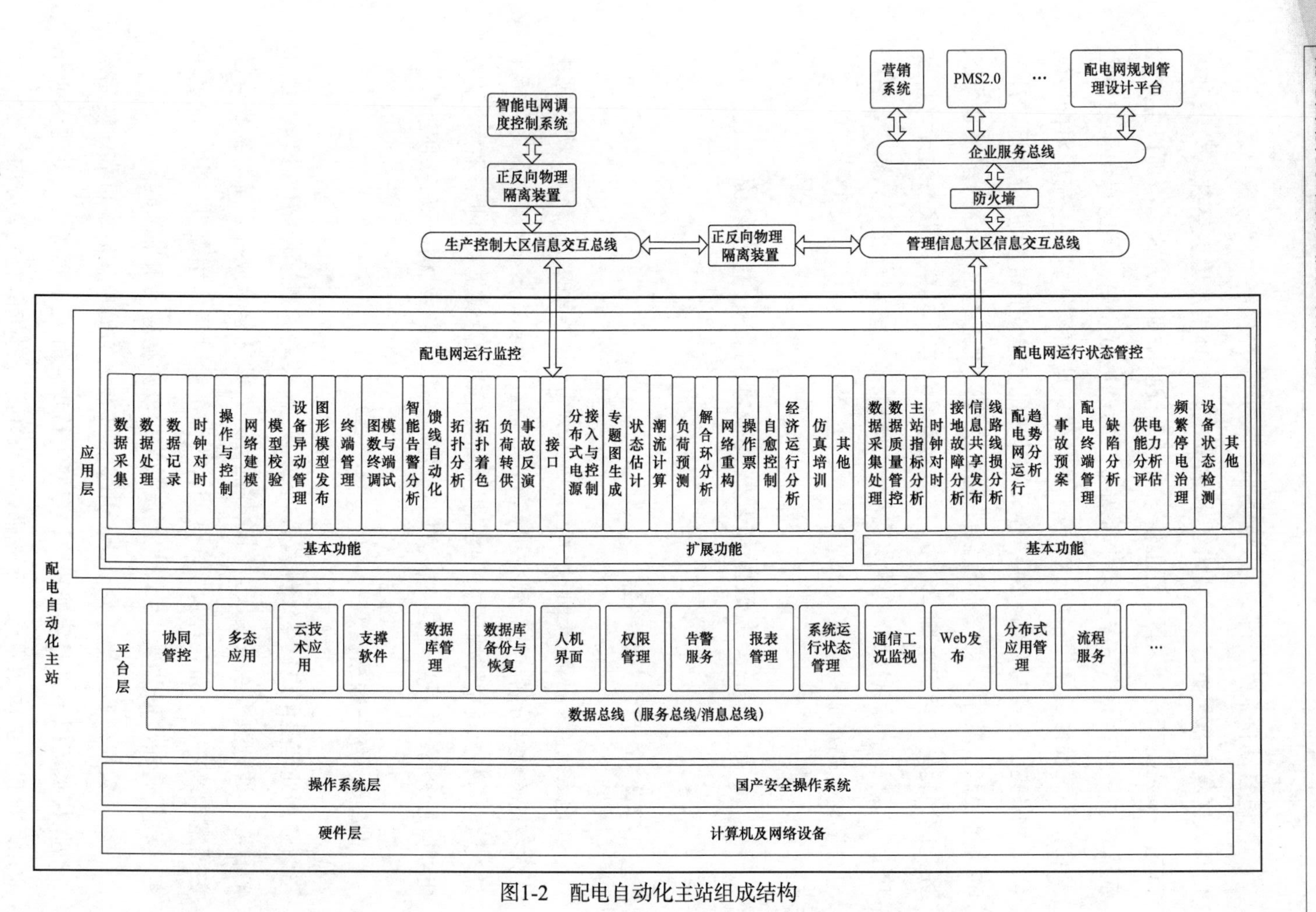

图1-2　配电自动化主站组成结构

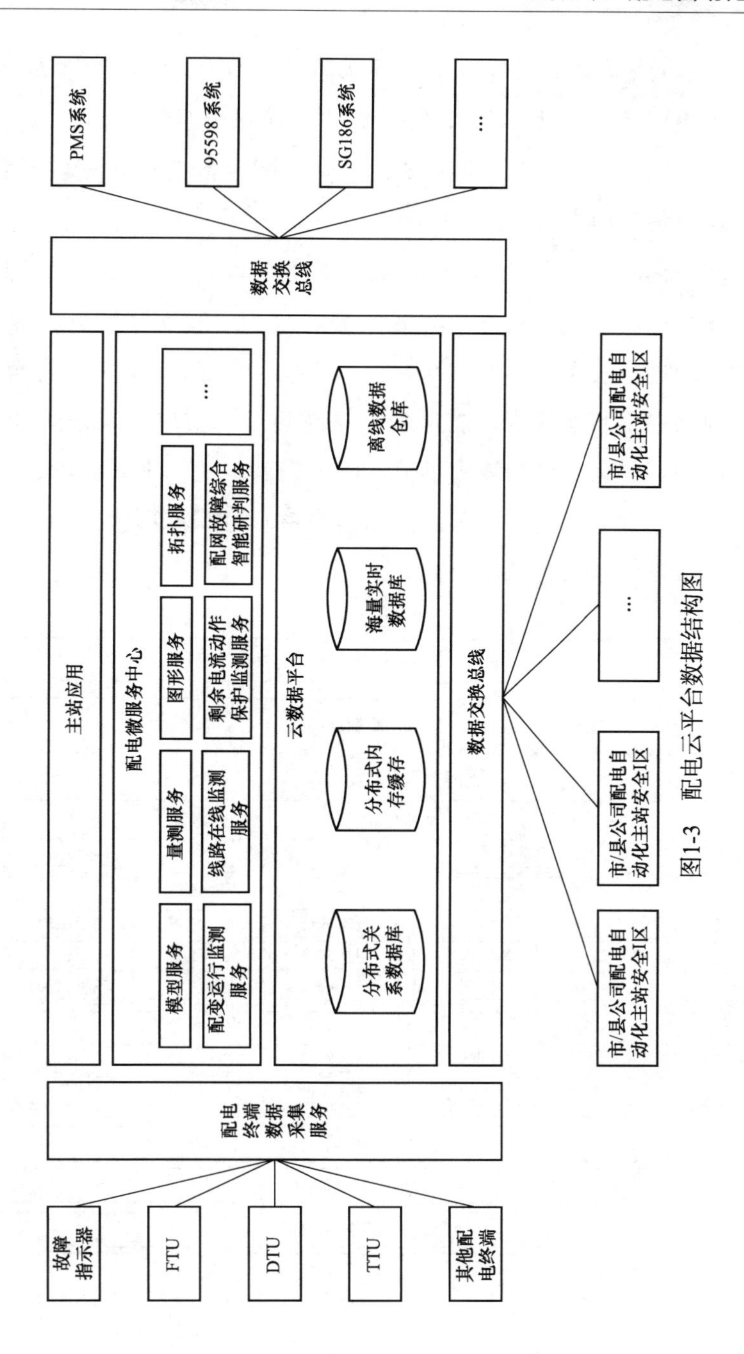

图1-3　配电云平台数据结构图

模型数据云平台遵循 SG—CIM3.0 规范和 IEC61970 量测规范。其基础模型结构及数据字典由 PMS2.0 统一维护，并同步至配电云，保障属性统一，同时提供元数据、字典管理功能。对全电网设备按配电网调度管辖统一编码，实现设备 ID 唯一。

通过流程化的管理方式规范规划设备建立、设备新投、设备变更、设备退役及交互全过程管理，在配电云并行分级维护，实现模型数据统一存储、按需裁剪模型进行发布与共享，保障全局参数一致，以及模型数据历史态、实时态和规划态多版本管理，满足配电系统历史、实时、未来的计算需要。统一数据模型不仅为其他计算提供数据服务，而且为上下级调度控制系统提供模型数据共享服务，为全网各应用提供完整、可靠模型数据的平台服务化支撑。统一数据模型结构如图 1-4 所示。

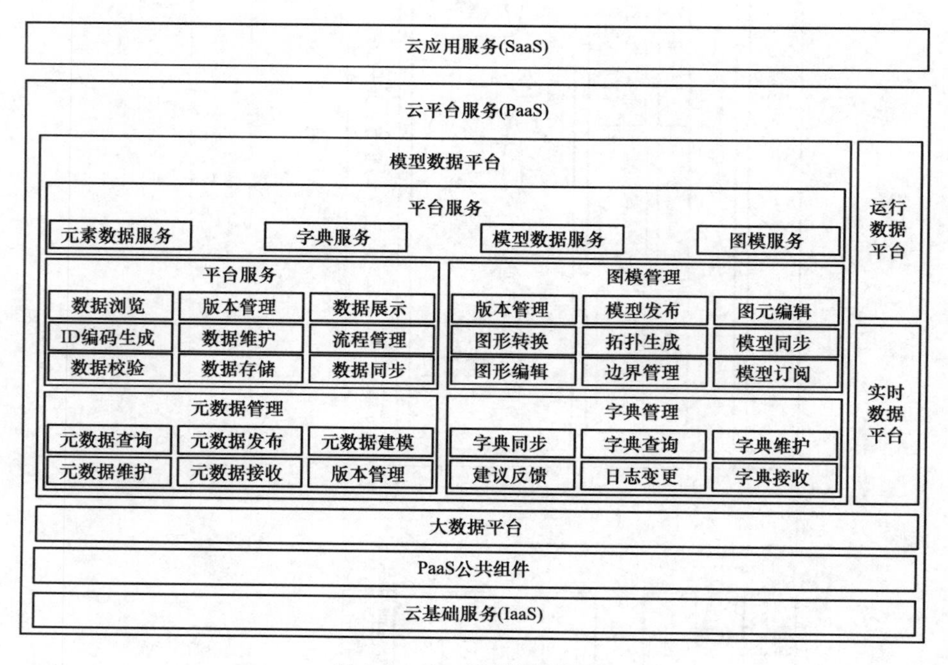

图 1-4　统一数据模型结构

1.2.3　配电微服务中心

现有系统的修改和发布代价非常大，因此开发了配电微服务中心。该中心是在配电云服务平台使用微服务技术，是以数据为基础建立的能够快速开发和部署微服务的支撑平台。微服务中心提供配电模型访问服务、配电量测访问服务、拓扑计算服务和配电图形服务四大类服务。

1. 配电模型访问服务

配电模型访问服务是提供数据中心中关于配电模型数据的读取、查询、新建、修改等服务，使用数据封装方式使数据使用者无须关心数据的存储结构。

配电模型访问提供以下服务：元数据访问服务、获取设备列表、通过ID获取设备、创建设备、更新设备、删除设备、附加设置、获取父设备、获取根设备、条件查询、容器内设备清单。

2. 配电量测访问服务

配电的量测量访问服务是配电微服务中心的主要业务，可为用户提供基于设备量测点的配电量测数据的新增、查询范围服务。

配电的量测访问服务可提供以下信息：配电变压器（简称配变）异常信息、配变故障信息、线路异常信息、线路故障信息、故障指示器变位信息、开关普通变位信息、开关事故变位信息、配变实时和历史断面量测数据、故障指示器实时和历史断面量测数据、故障指示器模型数据、线路数据（出线开关量测值、遥信值）。

3. 拓扑计算服务

（1）网架分析。根据大数据平台中电网拓扑结构数据和现场实时量测数据，以及获取的电网各开关状态，使用优化拓扑分析算法进行电网网架分析。实时量测数据由于通信故障、延时和误差等原因存在脏数据，因此配电微服务中心加入了配变停电事件、配电在线监测告警和95598用户报修地理位置和故障数，通过大数据关联分析，实现基于多特征配网故障自动化综合研判，并在此基础上提供供电半径分析、供电范围分析、导线半径分析、环路分析检查、N－1分析、网架薄弱点分析等服务。

（2）停电分析。配电微服务中心针对线路检修等工作，提供专门的停电分析服务。服务根据输入的检修线路，通过配电网的网架拓扑分析，判断开合哪些开关可以使停电范围最小、负荷转移最均衡，并确定最安全的开关操作顺序。

4. 配电图形服务

配电图形服务分为图形浏览服务、查询定位服务、矢量图形服务和专题图服务。其中图形浏览服务包括基于范围获取电网图形，基于中心点和比例尺获取电网图形，新建图形书签，删除图形书签，查询图形书签，获取比例尺，取消电网地理图高亮显示。

1.2.4 配电综合数据采集服务

配电云平台的实时数据库是结合 HBase 数据存储容量大和 Redis 数据操作速度快的特性综合设计开发的，可实现配电统一模型下采样运行数据的接入、分析、存储和读取，满足配网生产管理和实时应用的需求。

配电云平台的实时数据库基于分布式实时数据库，采用流式计算、并行计算等技术，可带时标量测的采集与存储，支持面向全网的实时数据采集、汇聚、处理、存储、管理等功能，自动获取各级配网全业务实时数据并无缝融合，实现全网统一的三态数据监测、多源数据校核、状态估计、视频信号智能识别及综合智能告警，对外提供全网统一的实时数据服务及一体化展示，支撑各类 SaaS 层应用。配电综合数据采集服务架构如图 1-5 所示。

1.2.5 配电数据交互服务

基于阿里云平台，通过企业 ESB 总线完成与 PMS2.0 系统、电力营销业务系统、用电数据采集系统和 95598 系统等各类配电相关业务系统的数据交互，实现配电云平台的数据交互服务。

1. PMS2.0 系统数据交换

PMS2.0 系统数据交换是将 PMS2.0 系统中的设备档案数据及图形数据同步到云数据平台中，主要经过数据准备、数据提取、数据加工和数据发布四个阶段。

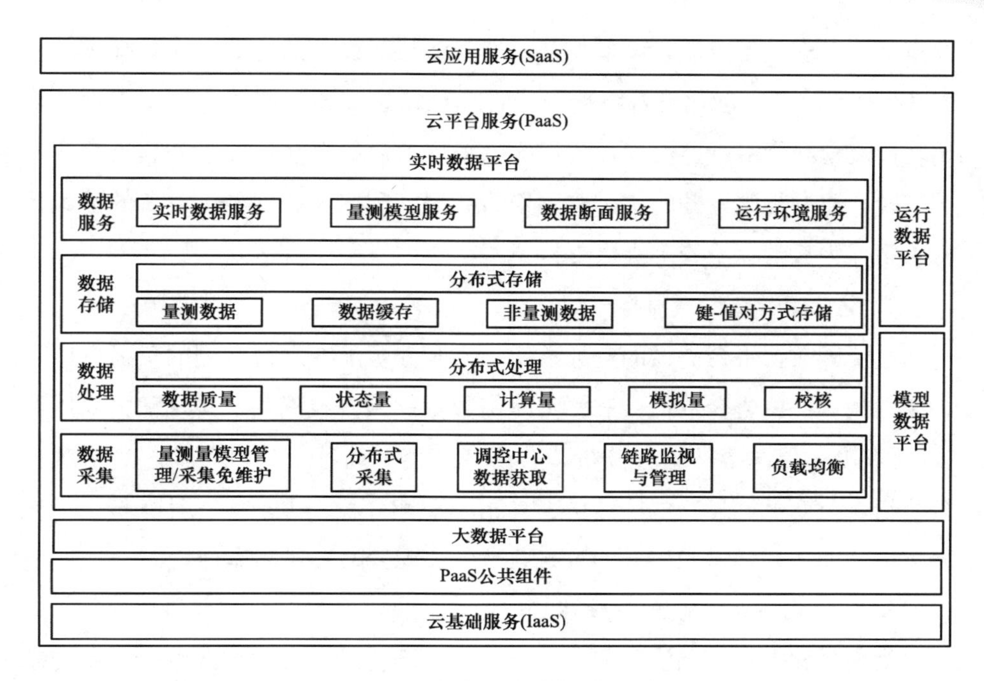

图 1-5　配电综合数据采集服务架构图

2. 电力营销数据交换

电力营销数据交换是将电力营销系统中的数据同步到云数据平台中，与PMS2.0 系统数据交换过程类似，其中处理的数据主要是用户及其表箱数据。

3. 用电数据交换

用电数据交换是将用电数据采集系统中的数据同步到云数据平台中，与PMS2.0 系统数据交换过程类似，其中处理的数据主要是用户用电数据。

4. 95598 数据交换

95598 数据交换是将 95598 系统中的数据同步到云数据平台中，与PMS2.0 系统数据交换过程类似，其中处理的数据主要是用户电话报修事件数据。

1.2.6　配电业务微服务

1. 配电采集装置管理微服务

配电采集装置管理根据不同类型的采集终端，设计并建立对应的终端设备模型，实现设备资产、设备类型、设备参数、设备功能的一体化维护。与PMS2.0系统的自动化设备终端资产管理相结合，通过终端出入库管理、终端装接流程和终端拆换流程，实现配电采集参数的自动化配置和运行期的资产流转。通过终端设备的实时监测诊断数据，利用大数据分析设备的健康状态水平，为日常运维管理提供支持。

2. 配变运行监测微服务

基于云数据平台提供的业务数据，实时分析配变运行监测的负荷电压和电流数据、停电告警数据、三相不平衡数据、谐波数据等，实现配电变压器（简称配变）停电事件综合分析，公用变压器（简称公变）负荷超过重载预警分析，公变低（过）电压分析、三相不平衡分析、无功过欠补分析、谐波分析等功能，并通过微服务的方式共享各类配变运行监测数据。

3. 配电线路在线监测微服务

为增强配电线路在线监测装置与其他配网监测设备的高效配合，系统基于配电云服务平台进行系统升级改造，实现各类检测数据及故障录波数据等大数据的云平台存储，通过大数据分析技术对在线监测数据进行智能分析，进一步完善了线路相间短路、接地等故障发现、定位、分析等功能；利用线路的遥测数据进行综合分析，对过载线路、重载线路进行告警预警，并通过微服务方式发布各类信息，实现快速排查线路故障、故障定位及故障的主动抢修。

4. 剩余电流动作保护器监测微服务

基于配电云服务平台，实现剩余电流监测保护器各类运行监测数据的云平台存储。在云平台上优化原算法，实现保护器发生跳闸、退运、团锁、拒动、频繁动作等故障的在线分析，设备状态监测、投运情况统计、重要指标监测、工作质量监测、员工绩效监测等功能；通过跳闸闭锁等停电分析，精准定位故障地点，通过微服务方式提供给配网抢险等系统，从而提高故障抢修速度，减轻工作复杂度，降低投诉风险。

5. 配网故障综合智能研判微服务

配网故障综合智能研判实时获取配电自动化系统开关故障告警、95598

报修信息、公变停电告警、专用变压器（简称专变）停电告警、线路故障指示器告警、智能总保报警等数据，实现对现场故障信息的综合推演和判断；根据不同类别异常事件和故障信息间的因果关系，建立单类事件推导故障信息的策略和计算方法。在单一分析方法基础上建立多事件并发的综合研判方法，解决多源信息重复和不一致的问题，合并和还原出真实的故障信息。采用实时仿真体系结构，解决各事件源的时序差异问题，在较短时间间隔内推导出可靠结果，满足故障分析的时效性要求。建立过滤机制，主动过滤已有计划停电和故障停电范围内的事件信息，提高事件的分析处理效率，避免重复研判和误告警。利用电网拓扑数据和营配贯通成果，形成故障信息的影响设备范围、影响地理区域和影响用户清单，将研判结果反馈给供电服务指挥系统主动抢修应用，并进行展示。

1.3 配电自动化系统安全防护相关规定

为了加强配电自动化系统安全防护，保障电力监控系统的安全，国家发展和改革委员会及国家能源局先后在2014年及2015年发布了《电力监控系统安全防护规定》（国家发展和改革委员会令2014年第14号）（简称“14号令”）和《关于印发电力监控系统安全防护总体方案等安全防护方案和评估规范的通知》（国能安全〔2015〕36号）（简称“36号文”）等，对配电自动化系统的安全防护做出了原则性规定。

基于“14号令”“36号文”的相关规定，参考国家信息系统安全防护等级保护要求以及公司信息安全防护相关要求，以“安全分区、网络专用、横向隔离、纵向认证”为总体原则，从主站、终端、边界、纵向通信、横向隔离等层面对系统进行全面防护，完善了配电自动化安全防护方案。

“14号令”从总体上对电力监控系统安全防护工作提出了更高的要求，需要对电力监控系统安全防护的相关管理规定及相关技术措施进行相应的加强和完善。在管理方面，依据国家相关文件要求，结合电力生产实际情况，制定本单位的电力监控系统安全防护方案，及时对电力监控系统安全防护方案进行补充和修订；在技术方面，随着互联网技术、配电自动化技术、智能电网技术等快速发展及普及应用，在数据通信、数据采集、数据处理的安全性要求更高，需要根据电力监控系统自身运行的实际情况，制定相应的安全防护措施，同时要对安全防护措施进一步细化和规范，夯实安全防护基础。

“36号文”依据“14号令”详细阐明了电力监控安全防护总体方案及不同种类电力监控系统对安全防护的要求，其中附件6单独从使用范围、防护目标、防护原则等方面介绍了配电监控系统安全防护方案。

第2章　配电自动化系统网络安全管理

本章主要从电网企业角度解读国家网络安全法及国网公司落实安全法的具体措施，介绍近年来世界范围内电网遭受网络攻击事件的过程和经验教训，重点讲述我国配电自动化系统安全防护方案、网络与信息安全的应急管理、网络与信息安全的灾备以及信息系统等级保护测评。通过本章的学习，读者可了解国家网络安全法中有关电网企业网络安全的相关内容，掌握电网企业具体落实措施和配电自动化系统网络安全防护的具体内容。

2.1　网络安全法及国网公司相关要求

2.1.1　《中华人民共和国网络安全法》重要意义

2016年11月7日，第十二届全国人大常委会第二十四次会议表决通过《中华人民共和国网络安全法》，2017年6月1日起正式施行。这是我国第一部全面规范网络空间安全的基础性法律，是习近平总书记网络安全观的重要体现，是国家主权在网络空间治理法制化的具体表征，是实现我国网络强国战略的坚实基础，具有里程碑式的重大意义。

2.1.2　网络安全法主要内容与国网公司相关法律责任及要求

国网公司作为国家特大型公用事业企业，负责投资、建设和运营26个省（自治区、直辖市）的电网，被公安部列为国家信息网络安全重点保卫单位，肩负了关键信息基础设施的建设和运营者、网络产品和服务提供者、用户信息保护者的多重使命。网络安全形势日趋复杂，由网络安全问题引发的大面积停电事故，将造成巨大经济损失，甚至影响国家安全。因此，国网公司不断加强网络安全法宣贯与学习，依法开展各项网络安全工作。下面简要介绍国家网络安全法中有关电网网络安全的条款以及国网公司落实措施。

1. 总则

共十四条，主要明确了网络运营者须承担的责任义务，提出坚持网络安全与信息化发展并重原则，明确了网络运营者应依法采取技术和其他措施保障网络安全。

国网公司落实措施：严格信息发布审核与舆情管理，有效应对各类网络安全事件。全方位落实网络安全责任，全方位提升网络安全意识，建立长效机制，保障网络的安全、稳定运行，维护网络数据安全。

2. 网络安全支持与促进

共六条，主要明确了国家与各级人民政府加大对网络安全工作扶持力度，包括标准体系、技术产业、知识产权、安全服务、管理创新、人才培养等方面。

国网公司落实措施：加强与科研机构、高校等合作，制定网络安全系列标准，重视网络安全人才培养，加大支持网络安全技术创新和应用。

3. 网络运行安全

共十九条，分为一般规定和关键信息基础设施的运行安全两部分。

（1）一般规定。重点提出对网络运营者的基础网络安全要求，以及网络运营者、网络产品和服务提供者应履行的基本安全保护义务。

第二十一条，将现行的网络安全等级保护制度上升为法律，明确要求网络运营者按照网络安全等级保护制度的要求，采取相应的管理措施和技术措施，履行下列安全保护义务，保障网络免受干扰、破坏或者未经授权的访问，防止网络数据泄露或者被窃取、篡改。

国网公司落实措施：按照公安部等四部委要求，建立等保合规管控机制，全面夯实基础技术措施，建立等级保护管理长效机制。针对管理信息系统和电力监控系统，进一步核实是否存在等保定级备案不及时、监测预警和数据保护等安全措施不严密、边界措施不完整等问题。

第二十二条，规定了网络产品和服务提供者的安全义务，要求网络产品和服务提供者不得设置恶意程序，及时向用户告知风险，持续提供安全维护服务等。

国网公司落实措施：公司下属国网信通产业集团、南瑞集团、联研院、中国电科院、许继、平高、山东电工电气等支撑单位均向国网公司、社会甚至国外提供网络设备、自动化设备和信息系统，需要增强法律意识、严格落实。国网公司建立了研发安全管控体系，后续将进一步强化研发安全管控。

第二十三条，将网络关键设备和网络安全专用产品的安全认证和安全检测制度上升为法律，规定网络关键设备和网络安全专用产品由具备资格的机构安全认证合格或者安全检测符合要求后，方可销售或者提供。

国网公司落实措施：所有入网信息系统、设备都应分别通过上线前安全检测、入网安全检测，要求隔离装置等电力专用防护设备入网前应通过国家信息技术安全研究中心等国家相关机构安全检测。

第二十四条，要求严格落实网络实名制，网络运营者为用户办理网络接入、域名注册服务，办理固定电话、移动电话等入网手续，或者为用户提供信息发布、即时通信等服务，在与用户签订协议或者确认提供服务时，应当要求用户提供真实身份信息。用户不提供真实身份信息的，网络运营者不得为其提供相关服务。

国网公司落实措施：国网公司所有涉及用户的 95598 系统、国网电子商城、电子商务、电动汽车、金融板块等“互联网＋”服务的相关业务系统，为用户办理网络接入等入网手续，与用户签订协议或者确认提供服务时，要求用户提供真实身份信息。

第二十五条，网络运营者应当制定网络安全事件应急预案，及时处置系统漏洞、计算机病毒、网络攻击、网络侵入等安全风险；在发生危害网络安全的事件时，立即启动应急预案，采取相应的补救措施，并按照规定向有关主管部门报告。

国网公司落实措施：所属各单位建立实时监测、应急处置、事件报告、协同联动的保障机制，健全“一体化、扁平化、实战化”的网络攻防体系，并根据需求开展攻防演练。

第二十七条，明确任何个人和组织应遵守国家有关规定，从事网络安全认证、检测、风险评估、发布漏洞信息等相关活动。

国网公司落实措施：严格遵循国家有关规定开展网络安全相关活动，印发《国家电网公司网络与信息安全漏洞和隐患发现人员（红队）安全管理要求》，严格规范红队职责与行为准则。红队、督查队伍以及各级电科院应严格遵循相关法律法规开展网络安全相关活动。

第二十八条、二十九条，规定网络运营者应履行协助相关国家机关的义务。

国网公司落实措施：积极为侦查机关提供必要的支持与协助，加强与有关部门在网络信息安全收集、分析、通报和应急处置等方面的合作。

（2）关键信息基础设施的运行安全。提出对关键信息基础设施在网络安全等级保护制度的基础上，实行重点保护。

其中，第三十三条要求建设关键信息基础设施，应当保证安全技术措施同步规划、同步建设、同步使用；第三十四条至三十六条明确了关键信息基础设施的运营者应履行的安全保护义务，规定了设置专门安全管理机构和负责人、开展等级保护、建设相关基础措施、采购通过安全审查的网络产品或服务等要求。

国网公司落实措施：严查所属单位在信息化规划、设计、研发、运行的各个关键环节中，重建设进度轻安全规划、重业务应用轻安全隐患、重对标考核轻安全漏洞整改等各类违章，严格考核。

第三十七条，要求加强跨境数据的安全保护，规定了向境外提供个人信息和重要数据时应当经过安全评估。

国网公司落实措施：建议国际部组织国际公司，以及南瑞、许继等有涉外业务的产业单位等，信通部配合，要对所有跨境业务和数据进行安全评估，确保其境外存储网络数据或向境外提供网络数据及防护措施符合国家规定和国网公司管理制度。

第三十八条，要求加强网络安全风险检测评估工作，规定关键信息基础设施运营者每年至少开展一次相关检测评估工作。

国网公司落实措施：建立风险评估等工作机制，落实有关费用，确保网络安全风险检测评估等工作实施到位。

4. 网络信息安全

关于网络信息安全单设一章，共十一条。

其中，第四十条至第四十四条突出了对公民个人信息的保护，明确了网络运营者的责任和义务，规范了收集、管理和使用公民个人信息的行为，防止公民个人信息数据被非法获取、泄露或使用。公司将完善相关管理制度，重点做好全网客户服务数据的安全管控。

国网公司落实措施：营销部、物资部、人资部，以及涉及公民个人信息的金融板块、电商、电动汽车等公司应高度重视对公民个人信息的保护，依法依规严格落实公司的客户信息安全保护制度，确保不发生客户个人信息泄漏、篡改、毁损，不发生非法收集、使用个人信息等事件。

5. 监测预警与应急处置

共八条，要求加强国家的网络安全监测预警和应急制度建设。

其中，第五十一条明确要求建立网络安全监测预警和信息通报制度，建立网络安全风险评估和应急工作机制。

国网公司落实措施：建立较为完备的相关制度、工作机制，建设网络与信息安全预警分析平台，提升应急响应和处置能力。

此外，法律责任和附则部分共二十一条，对违反本法规定的法律责任、相关用语的含义等进行了规定。

国网公司落实措施：对违反本法规定的行为，将被处以数额不等的罚款，情形严重的将被责令停业并追究民事和刑事责任。

2.2　国际电力系统网络安全案例与启示

2.2.1　乌克兰电力系统遭受攻击事件

2015 年 12 月 23 日，黑客对乌克兰电力系统发起网络攻击，导致伊万诺一弗兰科夫斯克地区发生大面积停电，是首次由黑客的攻击行为而导致的停电事件。该事件发生的同时，乌克兰至少三个地区电力系统也遭受了攻击，影响非常恶劣。

乌克兰配电公司所感染的是一款名为“BlackEnergy”的恶意软件，重点攻击能源行业的工业控制系统。黑客利用该恶意软件通过欺骗配电公司员工信任、植入木马、后门连接等方式，绕过认证机制，对乌克兰境内三处变电站 SCADA 发起网络攻击，造成 7 个 110kV 变电站和 23 个 35kV 变电站发生故障，从而导致伊万诺一弗兰科夫斯克地区发生大面积停电事件，140 万人受到影响，整个停电事件持续了 6h 之久。

根据现有官方报道，黑客攻击场景还原如图 2-1 所示，具体分析如下：

（1）黑客采用诱骗手段，引诱安全意识淡薄的电力员工打开感染恶意代码的邮件；

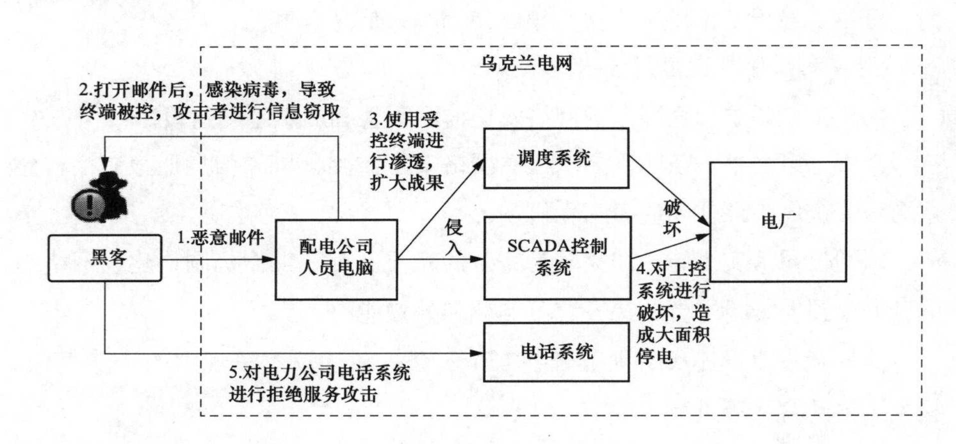

图 2-1　乌克兰事件黑客攻击场景

（2）乌克兰配电公司人员打开受感染的邮件，导致个人计算机感染恶意代码，进而被黑客控制并开展信息窃取，黑客取得合法用户认证信息；

（3）黑客利用受控计算机进行全网搜索，由于乌克兰电网没有物理隔离，黑客发现并成功入侵变电站 SCADA 系统及网络内的其他系统；

（4）黑客利用窃取的认证信息，对 SCADA 系统进行破坏，致使 SCADA 系统无法正常工作。同时，使变电站三个开关跳闸，进而导致大面积停电；

(5) 发起停电攻击的同时，黑客还对电力公司电话系统进行堵塞，导致无法正常通信，干扰紧急抢修。

最终，乌克兰电力工作人员只能采取盲调方式恢复供电（切换到无 SCADA 系统介入的“手工模式”）。

电网被黑客攻击的安全启示：

(1) 抵御网络攻击将成为电网运行的核心安全问题之一。网络攻击已成为新型武器，敌对势力利用网络攻击成功破坏电力等国家关键基础设施已成为现实，这种针对性攻击具有攻击目标明确、操作隐蔽、潜伏时间长等特点。

(2) 特种木马及特种攻击手段具有极度危险性。“震网”“火焰”以及本事件中的病毒均为敌对势力为电力生产控制系统量身定制，攻击者熟悉被攻击系统及网络结构，采用的攻击技术先进，病毒扩散以及破坏非常隐蔽，现有防病毒软件无法进行查杀。

(3) 物理隔离已不是抵御网络攻击的最后一道防线。熟悉电力系统安全防护的黑客通过感染 U 盘或员工笔记本，绕过物理隔离体系，通过“摆渡”方式间接入侵电网调度Ⅰ、Ⅱ区，进而破坏电网核心生产控制系统的威胁依然存在。

(4) 电网工控网络与信息安全风险将长期存在。新能源电厂等机构的接入，对公司边界完整性与健壮性提出了挑战。国内电厂的生产控制系统大部分采用西门子、施耐德、GE 等国外产品，部分国外厂商设备在测试中也发现了高危漏洞甚至后门，核心技术受制于人的局面仍未改观。

2.2.2 委内瑞拉大规模停电事件

2019 年 3 月 7 日傍晚（当地时间）开始，委内瑞拉国内包括首都加拉加斯在内的大部分地区停电超过 24h；在委内瑞拉 23 个州中，一度有 20 个州全面停电；停电导致加拉加斯地铁无法运行，造成大规模交通拥堵，学校、医院、工厂、机场等都受到严重影响，手机和网络也无法正常使用。8 日凌晨，加拉加斯部分地区开始恢复供电，随后其他地区电力供应也逐步恢复，但是9日中午和10日的再次停电，给人们带来巨大恐慌。

根据委内瑞拉政府官方消息，委内瑞拉电力系统遭遇了三个阶段的攻击。第一阶段是网络攻击，主要针对西蒙·玻利瓦尔水电站，即国家电力公司（CORPOELEC）位于玻利瓦尔州（南部）古里水电站的计算机系统中枢，以及连接到加拉加斯（首都）控制中枢发动网络攻击。第二阶段是电磁攻击，“通过移动设备中断和逆转恢复过程”。第三阶段是“通过燃烧和爆炸”对Alto Prado变电站（米兰达州）进行破坏，进一步瘫痪了加拉加斯的所有电力。

在此次事件中，有多个关键词值得引起关注：“电网再次受到攻击”“网络攻击”“发电机遭受攻击”“内部攻击”等。这可能是一起非常典型的工控安全事件，发起者目标明确，整个攻击过程有组织、有计划、多渠道、持续性展开，在遭受严重损失的同时，也充分暴露出委内瑞拉的关键信息基础设施安全防护投入的不足，安全事件的应急处理手段有待加强，该事件成为继“乌克兰电网事件”后，又一“网络战”的典型案例。

委内瑞拉大规模停电事件的安全启示：

（1）必须从总体国家安全观来统领关键基础设施安全防护工作。关键基础设施是各种威胁行为体所觊觎的目标，而其攻击往往是跨域组合的，因此不能简单地将基础设施防御视为技术对抗，而要视为综合对抗。在常规防护中，要将物理安全、人员安全因素与技术安全因素都充分考虑在内，对可能发生的紧急情况，制定更为全面的预案。网络空间安全和关键基础设施安全都具有非对称性的特点，决定了攻击中是组合拳打击薄弱点的特点。并非只采用技术手段或高技术手段。威胁行为在攻击中并不关心“技术含量”，而更多考虑目标价值、攻击成功率、攻击成本、攻击隐蔽性等“作战指标”。

（2）能力导向建设模式，提升关键信息基础设施安全防护能力。重要信息系统和关键信息基础设施处于“低水平防护”，甚至“无效防护”的状态中，是国家安全与稳定的严重隐患，影响到国家的战略主动性。针对电力等基础设施和工业系统，在落实能力导向建设模式构建动态综合防御体系的工作中，必须以保障业务运行的连续性和可靠性要求为基本前提，这就对基础结构安全能力、纵深防御层面安全能力的规划、建设和安全运行提出了更高的要求。对于现有电网网系统，针对各种可能对业务连续性产生潜在影响的安全动作，需要极为慎重，综合采用合理规划、分区分域、收窄暴露面等方式，有效布防，并通过完备的应急响应预案制定、演训式威胁评估等相关措施，最大限度避免或减少对业务系统可能产生的影响，确保系统业务的弹性恢复能力。

2.3　配电自动化网络与信息安全防护方案

2.3.1　总体防护方案

配电主站生产控制大区采集应用部分与配电终端的通信方式原则上以电力光纤通信为主，对于不具备电力光纤通信条件的末梢配电终端，采用无线专网通信方式；配电主站管理信息大区采集应用部分与配电终端的通信方式原则上以无线公网通信为主。无论采用哪种通信方式，都应采用基于数字证书的认证技术及基于国产商用密码算法的加密技术进行安全防护。

2.3.2　系统典型结构及边界

配电自动化系统的典型结构如图 2-2 所示。按照配电自动化系统的结构，安全防护分为以下七个部分：

（1）生产控制大区采集应用部分与调度自动化系统边界的安全防护（B1）；

（2）生产控制大区采集应用部分与管理信息大区采集应用部分边界的安全防护（B2）；

（3）生产控制大区采集应用部分与安全接入区边界的安全防护（B3）；

（4）安全接入区纵向通信的安全防护（B4）；

（5）管理信息大区采集应用部分纵向通信的安全防护（B5）；

(6) 配电终端的安全防护 (B6);

(7) 管理信息大区采集应用部分与其他系统边界的安全防护 (B7)。

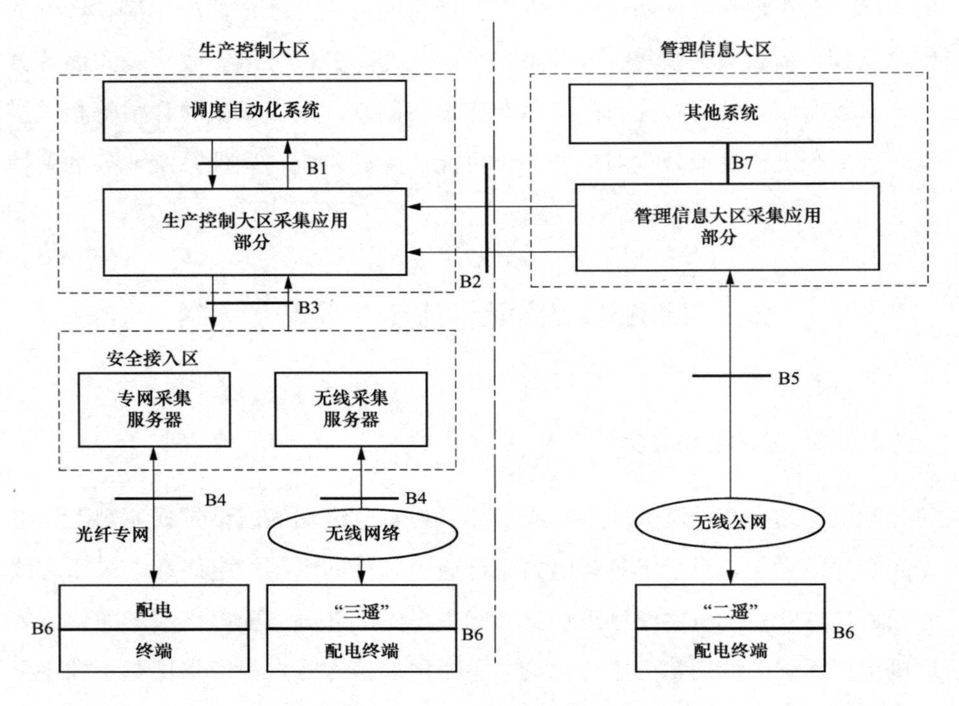

图 2-2 配电自动化系统边界划分示意图

2.3.3 生产控制大区采集应用部分的安全防护

(1) 生产控制大区采集应用部分内部的安全防护。无论采用何种通信方式，生产控制大区采集应用部分主机应采用经国家指定部门认证的安全加固的操作系统，采用用户名/强口令、动态口令、物理设备、生物识别、数字证书等两种或两种以上组合方式，实现用户身份认证及账号管理。

生产控制大区采集应用部分应配置配电加密认证装置，对下行控制命令、远程参数设置等报文采用国产商用密码算法进行签名操作，实现配电终端对配电主站的身份鉴别与报文完整性保护；对配电终端与主站之间的业务数据采用国产商用密码算法进行加解密操作，保障业务数据的安全性。

(2) 生产控制大区采集应用部分与调度自动化系统边界的安全防护

（B1）。生产控制大区采集应用部分与调度自动化系统边界应部署电力专用横向单向安全隔离装置。

（3）生产控制大区采集应用部分与管理信息大区采集应用部分边界的安全防护（B2）。生产控制大区采集应用部分与管理信息大区采集应用部分边界应部署电力专用横向单向安全隔离装置。

（4）生产控制大区采集应用部分与安全接入区边界的安全防护（B3）。生产控制大区采集应用部分与安全接入区边界应部署电力专用横向单向安全隔离装置。

2.3.4 安全接入区纵向通信的安全防护（B4）

安全接入区部署的采集服务器，必须采用经国家指定部门认证的安全加固操作系统，采用用户名/强口令、动态口令、物理设备、生物识别、数字证书等至少一种措施，实现用户身份认证及账号管理。

当采用专用通信网络时，相关的安全防护措施包括：使用独立纤芯（或波长），保证网络隔离通信安全；在安全接入区配置配电安全接入网关，采用国产商用密码算法实现配电安全接入网关与配电终端的双向身份认证。

当采用无线专网时，相关安全防护措施包括：启用无线网络自身提供的链路接入安全措施；在安全接入区配置配电安全接入网关，采用国产商用密码算法实现配电安全接入网关与配电终端的双向身份认证；配置硬件防火墙，实现无线网络与安全接入区的隔离。

2.3.5 管理信息大区采集应用部分纵向通信的安全防护（B5）

配电终端主要通过公共无线网络接入管理信息大区采集应用部分，首先应启用公网自身提供的安全措施。采用硬件防火墙、数据隔离组件和配电加密认证装置的防护方案如图 2-3 所示。

硬件防火墙采取访问控制措施，对应用层数据流进行有效的监视和控制。数据隔离组件提供双向访问控制、网络安全隔离、内网资源保护、数据交换管理、数据内容过滤等功能，实现边界安全隔离，防止非法链接穿透内网直接进行访问。配电加密认证装置对远程参数设置、远程版本升级等信息采用国产商用密码算法进行签名操作，实现配电终端对配电主站的身份鉴别与报文完整性保护；对配电终端与主站之间的业务数据采用国产商用密码算法进行加解密操作，保障业务数据的安全性。

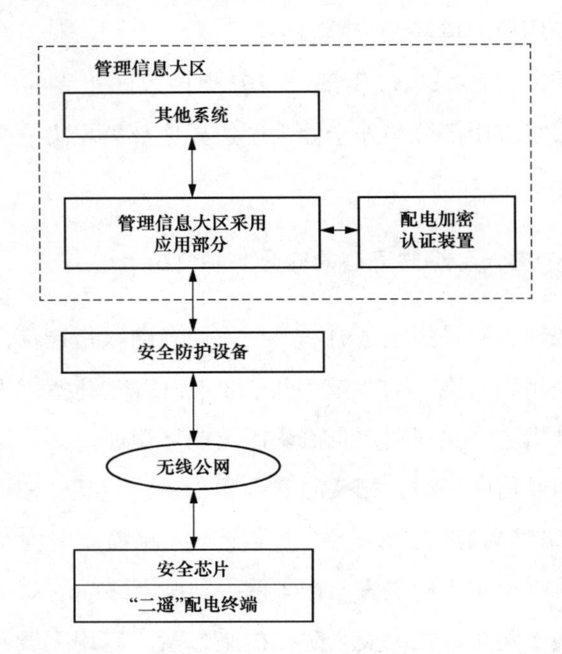

图 2-3　采用硬件防火墙、数据隔离组件、配电加密认证装置的防护方案

2.3.6　配电终端的安全防护（B6）

配电终端设备应具有防窃、防火、防破坏等物理安全防护措施。

1. 接入生产控制大区采集应用部分的配电终端

接入生产控制大区采集应用部分的配电终端通过内嵌一块安全芯片，实现双重身份认证、数据加密。

（1）接入生产控制大区采集应用部分的配电终端，内嵌支持国产商用密码算法的安全芯片，实现配电终端与配电安全接入网关的双向身份认证，保证链路通信安全。

（2）利用内嵌的安全芯片，实现配电终端与配电主站之间基于国产密码算法的双向身份鉴别，对来源于主站系统的控制命令、远程参数设置采取安全鉴别和数据完整性验证措施。

（3）配电终端与主站之间的业务数据采用基于国产密码算法的加密措施，确保数据的保密性和完整性。

（4）对存量配电终端进行升级改造，可通过在配电终端外串接内嵌安全芯片的配电加密盒，满足上述（1）和（2）的安全防护强度要求。

必须在“三遥”配电终端设备上配置启动和停止远程命令执行的硬压板和软压板。硬压板是物理开关，打开后仅允许当地手动控制，闭合后可以接受远方控制；软压板是终端系统内的逻辑控制开关，在硬压板闭合状态下，主站通过一对一发报文启动和停止远程控制命令的处理和执行。

2. 接入管理信息大区采集应用部分的配电终端

接入管理信息大区采集应用部分的“二遥”配电终端通过内嵌一块安全芯片，实现双向的身份认证、数据加密。

（1）利用内嵌的安全芯片，实现配电终端与配电主站之间基于国产密码算法的双向身份鉴别，对来源于配电主站的远程参数设置和远程升级指令采取安全鉴别和数据完整性验证措施。

（2）配电终端与主站之间的业务数据应采取基于国产密码算法的数据加密和数据完整性验证，确保传输数据保密性和完整性。

（3）对存量配电终端进行升级改造，可通过在终端外串接内嵌安全芯片的配电加密盒，满足“二遥”配电终端的安全防护强度要求。

3. 现场运维终端

为了实现配电终端的现场运维和安全管理，需要设计开发专用的配电终端现场运维工具。该工具是独立于配电终端设备之外，通过串口连接配电终端，具备采集配电终端的信息并提取终端芯片公钥、为配电终端下发安全密钥和证书、管理和维护配电终端信息等功能。现场运维终端包括现场运维手持设备和现场配置终端等设备。

（1）现场运维终端仅可通过串口对配电终端进行现场维护，且应当采用严格的访问控制措施；

（2）内嵌支持国产商用密码算法的安全芯片，实现与配电终端之间基于国产密码算法的单向身份认证技术，实现对现场运维终端的身份鉴别。

2.3.7 管理信息大区采集应用部分内系统间的安全防护（B7）

管理信息大区采集应用部分与不同等级安全域之间的边界，应采用硬件防火墙等设备实现横向域间安全防护。

2.4 网络与信息安全的应急管理

随着计算机网络的快速发展及普及应用，网络与信息安全事件种类也越来越多，网络攻击手段也在不断更新，网络攻击对企业乃至国家的信息安全造成的影响也越来越大，因此网络与信息安全的应急管理要以落实和完善应急预案为基础，以阶段性的应急演练为推进力量，以确保网络与信息安全事件发生后，能够快速组织、快速响应、快速恢复，紧跟网络与信息安全的形势和要求。为此，我国已经出台了《中华人民共和国网络安全法》《信息安全技术——信息安全事件管理指南》《信息安全技术——信息安全风险评估规范》《国家网络安全事件应急预案》等多项相关的国家标准。国家电网公司依据国家标准也出台了《国家电网公司信息系统安全管理办法》《国家电网公司信息通信事故调查规程》《国家电网公司网络与信息系统突发事件处置应急预案和公司通信系统突发事件处置预案》等多项管理细则及管理办法。

2.4.1 网络与信息安全事件分级分类

1. 网络与信息安全事件分级

网络与信息安全事件是指由于自然或者人为以及软硬件本身缺陷或故障的原因，对信息系统造成危害，或对社会造成负面影响的事件。网络与信息安全事件应根据事件发生后的危害程度、影响范围、系统损失等因素对网络与信息安全事件进行分级，共分为特别重大网络安全事件、重大网络安全事件、较大网络安全事件、一般网络安全事件四级。

（1）特别重大网络安全事件。符合下列情形之一的，可被列为特别重大网络安全事件：

1）重要网络和信息系统遭受特别严重的系统损失，造成系统大面积瘫痪，丧失业务处理能力；

2）国家秘密信息、重要敏感信息和关键数据丢失或被窃取、篡改、假冒，对国家安全和社会稳定构成特别严重威胁；

3）其他对国家安全、社会秩序、经济建设和公众利益构成特别严重威胁、造成特别严重影响的网络安全事件。

（2）重大网络安全事件。符合下列情形之一且未达到特别重大网络安全事件的，列为重大网络安全事件：

1）重要网络和信息系统遭受严重的系统损失，造成系统长时间中断或局部瘫痪，业务处理能力受到极大影响；

2）国家秘密信息、重要敏感信息和关键数据丢失或被窃取、篡改、假冒，对国家安全和社会稳定构成严重威胁；

3）其他对国家安全、社会秩序、经济建设和公众利益构成严重威胁、造成严重影响的网络安全事件。

（3）较大网络安全事件。符合下列情形之一且未达到重大网络安全事件的，列为较大网络安全事件：

1）重要网络和信息系统遭受较大的系统损失，造成系统中断，明显影响系统效率，业务处理能力受到影响；

2）国家秘密信息、重要敏感信息和关键数据丢失或被窃取、篡改、假冒，对国家安全和社会稳定构成较严重威胁；

3）其他对国家安全、社会秩序、经济建设和公众利益构成较严重威胁、造成较严重影响的网络安全事件。

（4）除上述情形外，对国家安全、社会秩序、经济建设和公众利益构成一定威胁、造成一定影响的网络安全事件，列为一般网络安全事件。

2. 网络与信息安全事件分类

综合考虑信息安全事件的起因、表现、结果等，对信息安全事件可分为七类，分别为有害程序事件、网络攻击事件、信息破坏事件、信息内容安全事件、设备设施故障、灾害性事件和其他信息安全事件。

（1）有害程序事件。有害程序事件是指需要制造、传播有害程序，或是因受到有害程序的影响而导致的信息安全事件。影响信息系统正常运行、系统中的数据及应用程序、操作系统的完整性或可用性等。

有害程序事件主要包括七个子类，分别是计算机病毒事件、蠕虫事件、特洛伊木马事件、僵尸网络事件、混合攻击程序事件、网页内嵌恶意代买事件和其他有害程序事件。

（2）网络攻击事件。网络攻击事件是指通过网络或其他技术手段，利用信息系统的配置缺陷、协议缺陷、程序缺陷或使用暴力攻击对信息系统攻击，造成信息系统运行异常或对系统当前运行造成签在危害。

网络攻击事件主要包括七个子类，分别是拒绝服务攻击事件、后门攻击事件、漏洞攻击事件、网络扫描窃听事件、网络钓鱼事件、干扰事件和其他网络攻击事件。

（3）信息破坏事件。信息破坏事件是指通过网络或其他技术手段，造成信息系统中的数据信息被篡改、假冒、泄露、窃取等导致的信息安全事件。

信息破坏事件主要包括六个子类，分别是信息篡改事件、信息假冒事件、信息泄露事件、信息窃取事件、信息丢失事件和其他信息破坏事件。

（4）信息内容安全事件。信息内容安全事件是指利用信息网络发布、传播危害国家安全、社会稳定和公共利益的内容的安全事件。

信息内容安全事件主要包括四个子类，分别是违反宪法和法律、行政法规的信息安全事件；针对社会事项进行讨论、评论形成网上敏感的舆论热点，并出现一定规模炒作的信息安全事件；组织串连、煽动集会、游行的信息安全事件和其他信息内容安全事件。

（5）设备设施故障。设备设施故障是指由于信息系统自身故障或外围保障设施故障而导致的信息安全事件，以及人为使用非技术手段有意或者无意的造成信息系统破坏而导致的信息安全事件。

设备设施故障主要包括四个子类，分别是软硬件自身故障、外围保障设施故障、人为破坏事件和其他设备设施故障。

（6）灾害性事件。灾害性事件是指由于不可抗力对信息系统造成物理破坏而导致的信息安全事件。灾害性事件主要包括水灾、台风、地震、雷击、塌方、火灾、恐怖袭击等。

（7）其他信息安全事件。其他事件类别是指不能归为以上六种基本分类的信息安全事件。

2.4.2　配电自动化系统网络与信息安全应急响应过程

如图 2-4 所示，配电自动化系统网络与信息安全事件处置过程大体可以分为四个主要阶段，即应急准备阶段、监测与预警阶段、应急处置阶段、总结改进阶段。

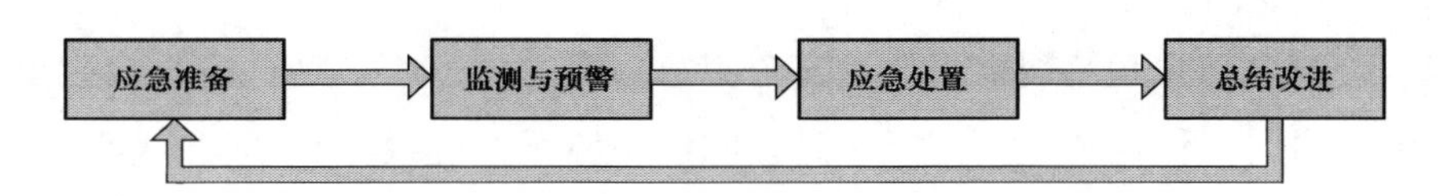

图 2-4　配电自动化系统网络与信息安全应急响应过程

1. 应急准备阶段

应急准备阶段主要内容是组建配电自动化系统网络与信息安全应急领导指挥小组，确定网络与信息安全应急响应制度，系统性地分析和识别配电自动化系统可能出现的网络与信息安全风险，针对性制定应急预案，开展培训和应急演练。

（1）建立应急领导指挥小组。在配电自动化系统网络与信息安全日常运维基础上组建应急领导小组，人员包括主管领导、相关技术专家、现场负责人、值班人员，明确人员的角色和职责。

（2）制定应急响应制度。应急领导指挥小组应组织制定配电自动化系统网络与信息安全应急响应制度及流程，明确应急响应的目标、原则、范围及各项管理制度，并能有效实施。对制定的应急响应制度应每年至少进行一次评审，对应急响应制度根据现场实际情况进行修订。

（3）风险评估与改进。组织有相应资质的单位对配电自动化系统网络与信息安全进行风险评估，全面系统地了解配电自动化系统在网络与信息安全方面面临的各种风险要素，了解当风险演变为应急事件时所产生的影响和后果，以及配电自动化系统因网络与信息安全事件导致系统服务中断所带来的损失，并形成风险评估报告。

风险评估报告应包含结论摘要、背景及现状、风险要素、识别出的风险及风险分析、建议应对措施等内容。根据风险评估报告制定明确的改进措施，必要时应对配电自动化系统进行升级改造。

（4）制定应急响应预案。配电自动化系统网络与信息安全应急指挥小组应根据风险评估报告中的风险点，制定应急响应预案。应急响应预案可以分为总体应急响应预案和针对某些高安全风险的专项应急预案，应能够为应急响应组织进行系统恢复操作提供快速明确的指导，且易于在紧急情况下根据检查列表执行。

配电自动化系统网络与信息安全应急预案的内容应包括：应急响应预案的编制目的、依据和适用范围；具体的组织体系结构及人员职责；应急响应的监测和预警机制；应急响应预案的启动；应急事件级别及对应的处置流程、方法；应急响应的保障措施；应急预案的附则。应急响应预案还需经过相关专家评审，评审通过后方可进行发布。每年需对应急响应预案至少进行一次评审、修订。

（5）开展培训与演练。根据编制的应急响应预案，网络与信息安全领导指挥小组每月应至少组织一次网络与信息安全应急响应培训及应急演练。

应急响应培训应使组织及人员明确其在应急响应过程中的责任范围、接口关系、应急处置操作规程和操作流程。

应急演练是为检验应急响应预案的有效性，使相关人员了解应急预案的目标和内容，熟悉应急响应的操作规程及操作流程。组织应急演练应预先制定演练计划、演练脚本，演练的整个过程应有详细的记录，并形成演练报告，演练不能影响业务的正常运行，也可采用无脚本演练来提升应急响应的能力。

2. 监测与预警阶段

监测与预警阶段的主要工作内容包括对配电自动化系统网络与信息安全

日常监测与预警，对应急事件的核实与评估，启动应急预案及对应急事件的实时跟踪。

（1）日常监测与预警。对配电自动化系统开展日常网络与信息安全监测，实施有效的预警，监测的内容主要有网络设备、安全防护设备、主机设备等设备的运行是否正常，操作系统、业务系统运行是否正常，业务数据是否超出了预警条件等内容。

建立配电自动化系统网络与信息安全监测、预警的记录和报告制度，并按照规定的形式和时间间隔上报现场负责人。发现网络与信息安全事件时，值班人员应提交报告。报告的主要内容应包括事件发生及发现的时间及位置、事件现象、事件影响的范围、初步原因分析及报告人。值班人员应及时将报告提交给现场负责人，并确认现场负责人已收到报告。

值班人员发现网络与信息安全事件时，应立即开展应急事件的先期处置，以提高应急响应的效率，避免次生衍生事件的发生，并对该事件进行持续跟踪。

（2）核实和评估。现场负责人收到值班人员的应急事件报告后，应对报告内容进行逐项核实，确认后的应急事件报告应立即提交给应急响应责任者。应急事件报告应作为应急事件级别评估的依据。

现场负责人根据事件级别定义初步判定事件所对应的级别，并将其置于动态调整控制中。

（3）应急响应预案的启动。建立配电自动化系统网络与信息安全应急响应预案启动的策略和程序，以控制预案启动的授权和实施，并对预案启动后可能造成的影响进行评估；也可根据应急事件先期处置要求进行预案的自动启动，或由应急响应领导小组组长或现场负责人启动预案。无论是哪种启动方式，都应对应急响应预案的启动过程和结果进行记录。

现场负责人应向应急领导小组汇报预案启动的原因，事件级别，事件对应的预案，要求采取的技术应对措施或处置目标，实现目标所采取的保障措施，影响范围，并将该事件的级别动态调整。

3. 应急处置阶段

应急处置阶段的主要工作内容包括应急调度，依据应急预案开展排查与诊断，快速处理与快速恢复，及时通报事件发展状态，持续性服务保障，结果评价及关闭应急响应事件。

（1）应急调度。按照配电自动化系统网络与信息安全应急预案开展统一应急调度。应急调度不仅包括人员、资金、设备等的调度，还应包含现场信息，组织必要人员进行现场勘查及分析，下达调度命令并保持跟踪，保护可追查的相关线索等内容。

（2）排查与诊断。配电自动化系统网络与信息安全应急事件发生后，应立即开展事件排查与诊断，主要流程及内容包括现场负责人调度处理人员进行现场事件排查，现场人员进行排查和诊断，及时向现场负责人汇报排查情况、诊断结果，排查及诊断过程和结果进行整理归档。在处理过程中，现场负责人应及时掌握和确认故障原因、故障点、排查诊断状况等，在问题确认过程中不应延误处理和恢复工作的开展。

（3）处理与恢复。根据应急响应预案进行事件处理和系统恢复工作，处理与恢复工作的原则应为：在满足事件级别处理事件要求前提下，尽快恢复所有服务；采用的手段、方法不应造成次生或衍生事件的发生。

在事件处理与恢复时，对处理和恢复的过程及结果进行详细记录，现场负责人组织对处理和恢复的结果进行初步判定，并及时上报领导指挥小组。

（4）应急响应事件升级。现场负责人应根据事件发展的具体情况，动态调整应急响应事件级别，及时对预案、人员、资金及设备做出相应的调整，对事件级别调整的过程和结果要进行详细的记录，并及时上报。

动态调整事件级别，应向领导小组汇报事件级别调整的原因、事件级别调整后的级别、事件级别调整后相应的应急预案、对事件级别调整的处理过程及结果等内容。

（5）持续跟踪处置。在完成应急响应事件的处理和恢复后，应安排值班人员持续对配电自动化系统网络与信息安全应急事件进行跟踪，对跟踪的最终结果进行审定，作为应急响应事件的结果条件。

（6）应急响应事件关闭。依据配电自动化系统网络与信息安全应急事件处理的过程及结果报告，由现场负责人向应急领导指挥小组提出应急事件关闭申请材料，在现场负责人接到应急事件关闭的回复后，立即核实应急事件处理过程和结果信息，满足关闭条件立即关闭。

4. 总结改进阶段

总结与改进阶段的主要工作内容包括网络与信息安全事件发生的原因、处理过程、总结分析、跟踪情况、完善改进等。

(1) 总结。定期对配电自动化系统网络与信息安全应急响应工作进行分析回顾，总结经验教训，弥补工作中的不足，并形成总结报告。对应急响应工作分析回顾应考虑的内容包括：应急响应工作的实际效率；应急准备工作的充分性和针对性；事件发生的原因、数量、频度；处置的经验教训；潜在的类似隐患。

(2) 审核与改进。为确保配电自动化系统网络与信息安全应急响应工作的有效性和时效性，应定期组织对应急响应工作的评审，以满足应急响应过程和管理符合预定的标准和要求，评审工作应每年至少一次。

在应急响应工作审核时，应重点考虑的要素包括用于支撑应急响应的各种资源和流程、风险评估的结果和可接受的风险水平、应急预案的测试结果和实际执行效果、前一次评审的后续改进、可能影响应急响应的各种业务变更、处置应急事件过程的总结和教训、培训和演练的结果和反馈等。最终的审核报告应包括改进目标、改进的具体工作内容及所需的各种资源配置等。

审核工作结束后，应急领导小组应根据评审报告的内容完善应急响应工作的各个环节，深化应急响应准备工作。

2.5　信息系统等级保护测评

2.5.1　等级保护概述

1. 等级保护工作背景

信息安全等级保护是我国信息安全领域的基本制度，在国家基础行业建立和实施等级保护制度，是提高网络与信息安全防护能力，保障网络与信息安全乃至国家安全，促进信息化健康发展的一项基础性工作。为落实国家信息安全等级保护制度，国家出台一系列政策法规和制度标准。在电力行业，为落实国家等级保护制度，提高电力行业重要信息系统安全防护水平，确保电力系统安全稳定运行，国家能源局（原电监会）制定了《关于印发〈2011年下半年重点监管工作计划〉的通知》（电监办〔2011〕20号）、《关于组织开展电力行业重要管理信息系统安全等级保护测评试点工作的通知》（信息办函〔2011〕41号）要求，对信息系统开展等级保护定级备案、建设整改和测评工作，以提高电力行业信息系统安全的整体防护水平。

2. 等保1.0

以GB/T 22239—2008《信息安全技术　信息系统安全等级保护基本要求》为代表的等级保护系列配套标准，习惯称为等保1.0系列标准，见表2-1。

表2-1　　等保1.0系列标准

序号	标准名称
1	GB/T 22239—2008《信息安全技术　信息系统安全等级保护基本要求》
2	GB/T 25058—2010《信息安全技术　信息系统安全等级保护实施指南》
3	GB/T 25070—2010《信息安全技术　信息系统等级保护安全设计技术要求》
4	GB/T 28448—2012《信息安全技术　信息系统安全等级保护测评要求》
5	GB/T 28449—2012《信息安全技术　信息系统安全等级保护测评过程指南》

3. 等保2.0

“等保2.0”是2014年3月开始，由公安部牵头组织开展了等级保护重点标准申报国家标准的工作，并从2015年开始陆续对外发布草稿、征集意见稿，修订了通用安全要求，增加了云计算、大数据、移动互联、工控、物联网等安全扩展要求，内容包括GB/T 22239—2019《信息安全技术　网络安全等级保护基本要求》、GB/T 25070—2019《信息安全技术　网络安全等级保护安全设计技术要求》等，习惯称为等保2.0系列标准，见表2-2。

表 2-2　　等保 2.0 系列标准

序号	标准名称
1	GB/T 28449—2018《信息安全技术　网络安全等级保护测评过程指南》
2	GB/T 36627—2018《信息安全技术　网络安全等级保护测试评估技术指南》
3	GB/T 36958—2018《信息安全技术　网络安全等级保护安全管理中心技术要求》
4	GB/T 36959—2018《信息安全技术　网络安全等级保护测评机构能力要求和评估规范》
5	GB/T 22239—2019《信息安全技术　网络安全等级保护基本要求》
6	GB/T 22240—2020《信息安全技术　网络安全等级保护定级指南》
7	GB/T 25058—2019《信息安全技术　网络安全等级保护实施指南》
8	GB/T 25070—2019《信息安全技术　网络安全等级保护安全设计技术要求》
9	GB/T 28448—2019《信息安全技术　网络安全等级保护测评要求》

4. 等级保护安全框架

等级保护安全框架如图 2-5 所示。

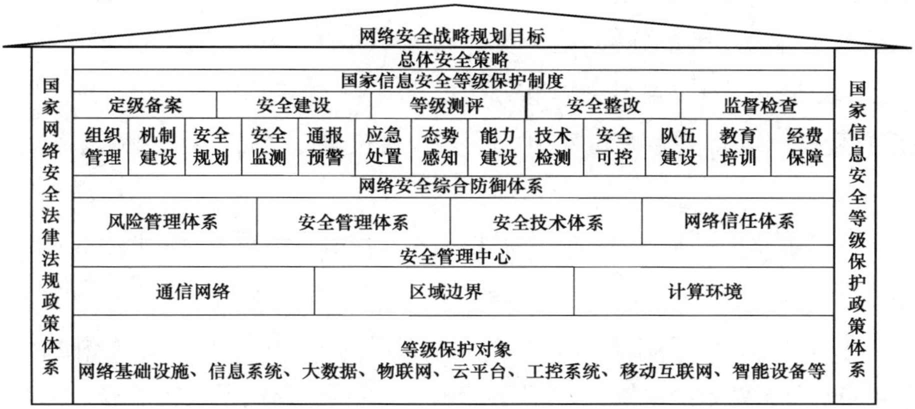

网络安全战略规划目标
总体安全策略
国家信息安全等级保护制度
定级备案　安全建设　等级测评　安全整改　监督检查
组织管理　机制建设　安全规划　安全监测　通报预警　应急处置　态势感知　能力建设　技术检测　安全可控　队伍建设　教育培训　经费保障
网络安全综合防御体系
风险管理体系　安全管理体系　安全技术体系　网络信任体系
安全管理中心
通信网络　区域边界　计算环境
等级保护对象
网络基础设施、信息系统、大数据、物联网、云平台、工控系统、移动互联网、智能设备等
国家网络安全法律法规政策体系
国家信息安全等级保护政策体系

图 2-5　等级保护安全框架

等级保护安全框架主要包含等级保护对象、安全管理中心、网络安全综合防御体系、国家信息安全等级保护制度等内容。在开展网络安全等级保护工作中应首先明确等级保护对象，等级保护对象包括通信网络设施、信息系统（包含采用移动互联等技术的系统）、云计算平台/系统、大数据平台/系统、物联网、工业控制系统等；确定了等级保护对象的安全保护等级后，应根据不同对象的安全保护等级完成安全建设或安全整改工作；应针对等级保护对象特点建

立安全技术体系和安全管理体系，构建具备相应等级安全保护能力的网络安全综合防御体系。应依据国家网络安全等级保护政策和标准，开展组织管理、机制建设、安全规划、安全监测、通报预警、应急处置、态势感知、能力建设、监督检查、技术检测、安全可控、队伍建设、教育培训和经费保障等工作。

5. 等级保护定级备案情况

按照国家能源局（原电监会）2007 年《电力行业信息系统等级保护定级工作指导意见》要求，依据电监会审批的管理信息系统定级结果，国网公司于 2008 年初梳理了 31 个网省公司及其下属单位和所有直属单位的定级信息系统 10082 套，其中管理信息系统 2138 套（三级系统 48 套，二级系统 2090 套），电力生产控制类系统 7944 套（四级系统 32 套，三级系统 3130 套，二级系统 4782 套）。

随着近年来，国网公司实施四统一管理，加强集团化管控，统一构建一体化企业级信息系统，系统由两级部署向一级部署过渡。2011 年 7 月，公司重新梳理管理信息系统定级情况，目前已备案管理信息系统 690 套，其中 3 级系统 97 套、2 级系统 593 套，比 2007 年共减少 1448 套信息系统。

国家能源局（原电监会）印发的《电力行业信息系统等级保护定级工作指导意见》（电监信息〔2007〕44 号），全面梳理、审批了生产控制系统的定级结果。

2012 年 2 月，根据新技术发展趋势和系统形态的变化，国调中心重新梳理系统定级，并报原电监会、公安部等上级主管部门审批备案。

主要调整：变电站自动化系统不再独立定级，而是直接并入上级调度机构调度自动化主站系统中统一定级；新一代电网调度控制系统按照分区功能定级，Ⅰ区实时监控与预警为四级、Ⅱ区调度计划与安全校核为三级、Ⅲ区调度管理为二级。其中配电自动化系统在省级以上和地市级以下均定为三级。

2.5.2 等保 2.0 主要变化

1. 名称变化

将原来的信息系统安全等级保护相关标准名称更改为网络安全等级保护相关标准，与《中华人民共和国网络安全法》保持一致，如图 2-6 所示。

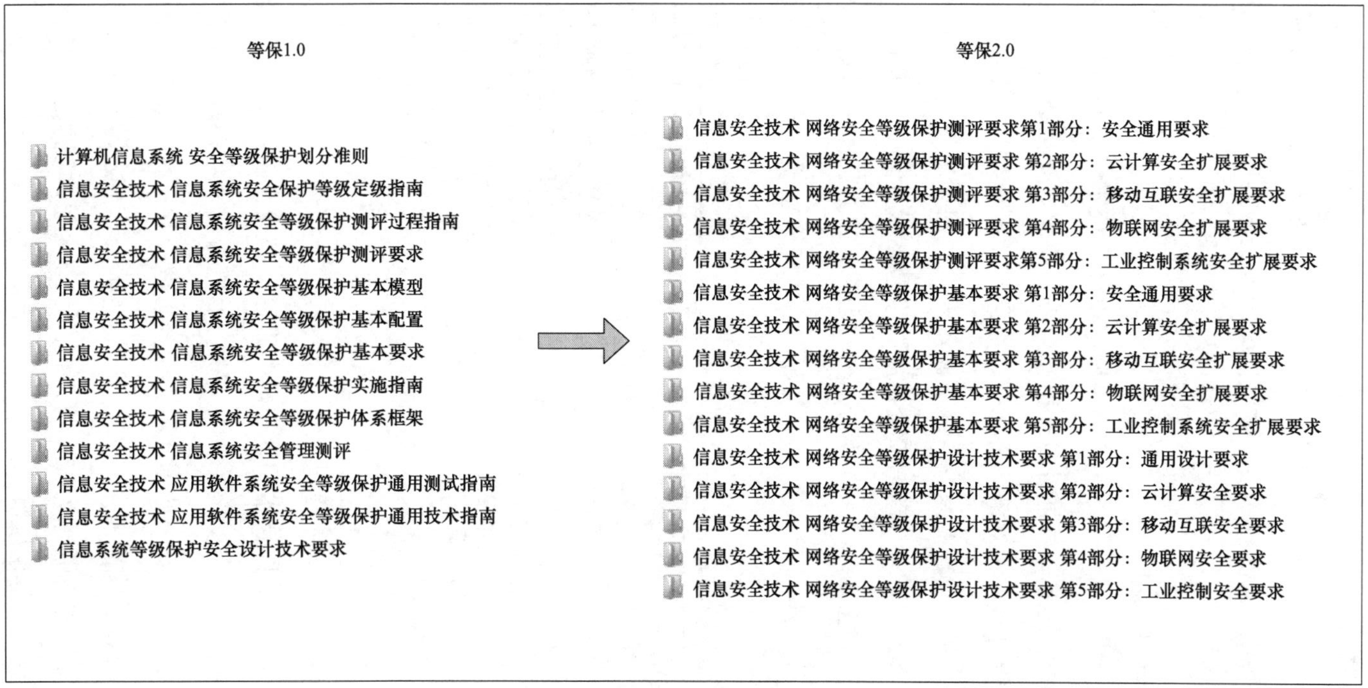

等保1.0
计算机信息系统 安全等级保护划分准则
信息安全技术 信息系统安全保护等级定级指南
信息安全技术 信息系统安全等级保护测评过程指南
信息安全技术 信息系统安全等级保护测评要求
信息安全技术 信息系统安全等级保护基本模型
信息安全技术 信息系统安全等级保护基本配置
信息安全技术 信息系统安全等级保护基本要求
信息安全技术 信息系统安全等级保护实施指南
信息安全技术 信息系统安全等级保护体系框架
信息安全技术 信息系统安全管理测评
信息安全技术 应用软件系统安全等级保护通用测试指南
信息安全技术 应用软件系统安全等级保护通用技术指南
信息系统等级保护安全设计技术要求
等保2.0
信息安全技术 网络安全等级保护测评要求第1部分：安全通用要求
信息安全技术 网络安全等级保护测评要求 第2部分：云计算安全扩展要求
信息安全技术 网络安全等级保护测评要求 第3部分：移动互联安全扩展要求
信息安全技术 网络安全等级保护测评要求 第4部分：物联网安全扩展要求
信息安全技术 网络安全等级保护测评要求第5部分：工业控制系统安全扩展要求
信息安全技术 网络安全等级保护基本要求 第1部分：安全通用要求
信息安全技术 网络安全等级保护基本要求 第2部分：云计算安全扩展要求
信息安全技术 网络安全等级保护基本要求 第3部分：移动互联安全扩展要求
信息安全技术 网络安全等级保护基本要求 第4部分：物联网安全扩展要求
信息安全技术 网络安全等级保护基本要求 第5部分：工业控制系统安全扩展要求
信息安全技术 网络安全等级保护设计技术要求 第1部分：通用设计要求
信息安全技术 网络安全等级保护设计技术要求 第2部分：云计算安全要求
信息安全技术 网络安全等级保护设计技术要求 第3部分：移动互联安全要求
信息安全技术 网络安全等级保护设计技术要求 第4部分：物联网安全要求
信息安全技术 网络安全等级保护设计技术要求 第5部分：工业控制安全要求

图2-6　名称变化

2. 定级对象变化

等保 1.0 的定级对象是信息系统，等保 2.0 更为广泛，包含基础信息网络、云计算平台、大数据平台、物联网系统、工业控制系统、采用移动互联技术的网络等。

3. 内容变化

以基本要求为例，等保 1.0 基本要求中分为技术要求和管理要求，等保 2.0 基本要求中分为安全通用要求和安全扩展要求，安全通用要求是普适性要求，是不管等级保护对象形态如何，必须满足的要求。针对云计算、移动互联、物联网和工业控制系统，除了满足安全通用要求外，还需满足的补充要求称为安全扩展要求。新增安全扩展要求包括云计算安全扩展要求、移动互联安全扩展安全要求、物联网安全扩展要求、工业控制系统安全扩展要求，见图 2-7。

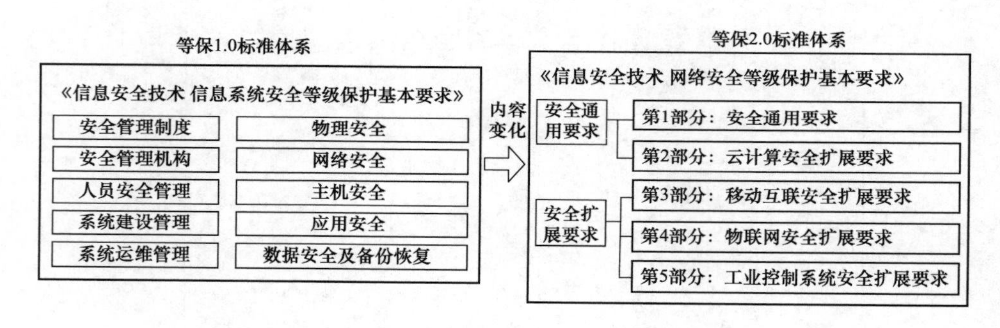

图 2-7　内容变化

4. 控制措施分类结构变化

等保 2.0 依旧保留技术和管理两个维度。在技术上，由物理安全、网络安全、主机安全、应用安全、数据安全，变更为安全物理环境、安全通信网络、安全区域边界、安全计算环境、安全管理中心；在管理上，结构没有太大的变化，从安全管理制度、安全管理机构、人员安全管理、系统建设管理、系统运维管理，调整为安全管理制度、安全管理机构、安全管理人员、安全建设管理、安全运维管理，如图 2-8 所示。

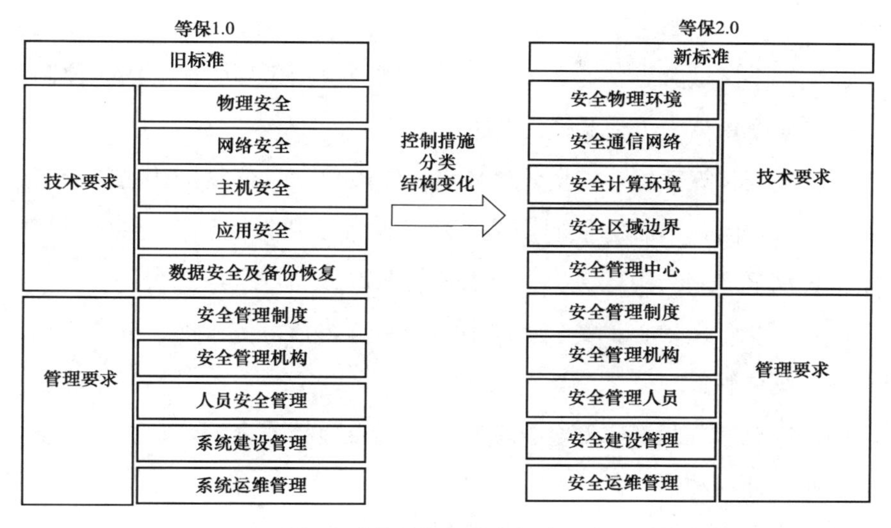

图 2-8　控制措施分类结构变化

5. 标准控制点要求项变化

等保 1.0 基本要求中三级系统控制点为 73 个，要求项为 290 个。等保 2.0 基本要求（安全通用要求）中三级系统控制点为 71 个，要求项为 231 个，要求项明显减少，见表 2-3。

表 2-3　　　　标准控制点要求项变化统计

标准控制点要求项	一级系统	二级系统	三级系统	四级系统
新标准控制点	43	68	71	71
旧标准控制点	48	66	73	77
新标准要求项	59	145	231	241
旧标准要求项	85	175	290	318

2.5.3　等保 2.0 第三级安全要求介绍

1. 安全通用要求

（1）安全物理环境。安全物理环境控制点包括物理位置选择、物理访问控制、防盗窃和防破坏、防雷击、防火、防水和防潮、防静电、温湿度控制、电力供应、电磁防护。

（2）安全通信网络。安全通信网络控制点包括网络架构、通信传输、可信验证。

(3) 安全区域边界。安全区域边界控制点包括边界防护、访问控制、入侵防范、安全审计、可信验证。

(4) 安全计算环境。安全计算环境控制点包括身份鉴别、访问控制、安全审计、入侵防范、恶意代码防范、可信验证、数据完整性、数据保密性、数据备份恢复、剩余信息保护、个人信息保护。

(5) 安全管理中心。安全管理中心控制点包括系统管理、审计管理、安全管理、集中管控。

(6) 安全管理制度。安全管理制度控制点包括安全策略、管理制度、制定和发布、评审和修订。

(7) 安全管理机构。安全管理机构控制点包括岗位设置、人员配备、授权和审批、沟通和合作、审核和检查。

(8) 安全管理人员。安全管理人员控制点包括人员录用、人员离岗、安全意识教育和培训、外部人员访问管理。

(9) 安全建设管理。安全建设管理控制点包括定级和备案、安全方案设计、产品采购和使用、自行软件开发、外包软件开发、工程实施、测试验收、系统支付、等级测评、服务供应商选择。

(10) 安全运维管理。安全运维管理控制点包括环境管理、资产管理、介质管理、设备维护管理、漏洞和风险管理、网络和系统安全管理、恶意代码防范管理、配置管理、密码管理、变更管理、备份与恢复管理、安全事件处置、应急预案管理、外包运维管理。

2. 云计算安全扩展要求

(1) 云计算平台构成。等保 2.0 标准中将采用了云计算技术的信息系统，称为云计算平台/系统。云计算平台/系统由设施、硬件、资源抽象控制层、虚拟化计算资源、软件平台和应用软件等组成。软件即服务（SaaS）、平台即服务（PaaS）、基础设施即服务（IaaS）是三种基本的云计算服务模式。如图 2-9 所示，在不同的服务模式中，云服务商和云服务客户对计算资源拥有不同的控制范围，控制范围决定了安全责任的边界。在基础设施即服务模式下，云计算平台/系统由设施、硬件、资源抽象控制层组成；在平台即服务模式下，云计算平台/系统包括设施、硬件、资源抽象控制层、虚拟化计算资源和软件平台；在软件即服务模式下，云计算平台/系统包括设施、硬件、资源抽象控制层、虚拟化计算资源、软件平台和应用软件。不同服务模式下云服务商和云服务客户的安全管理责任有所不同。

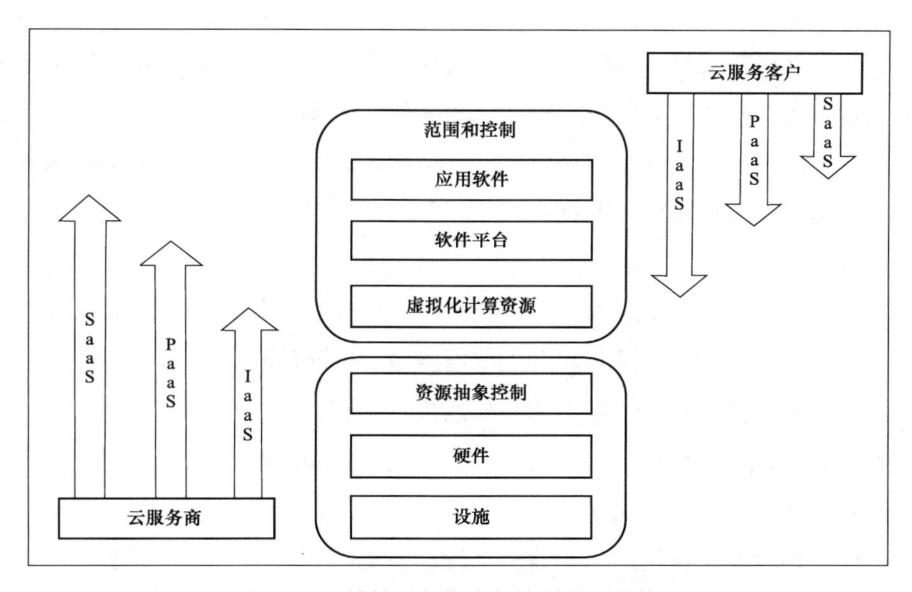

图 2-9　云计算服务模式与控制范围的关系

（2）云计算平台定级。云计算平台定级如图 2-10 所示。

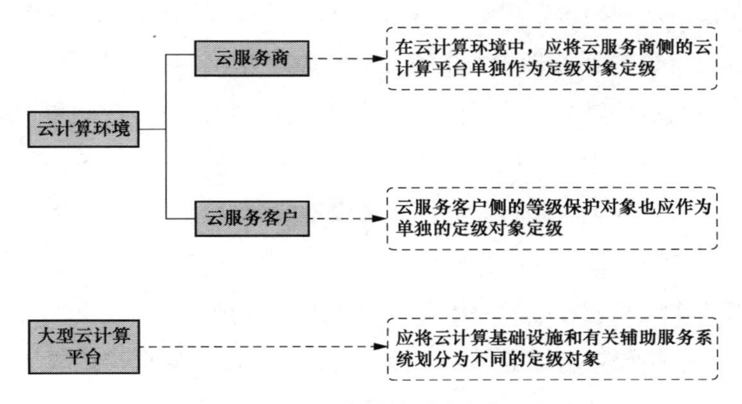

图 2-10　云计算平台定级

（3）安全扩展要求。等保 2.0 标准规定的云计算安全扩展要求包括安全物理环境、安全通信网络、安全区域边界、安全计算环境及管理要求。

3. 移动互联安全扩展要求

（1）等级保护对象。采用移动互联的等级保护对象的移动互联部分由移动终端、移动应用和无线网络三部分组成。移动终端通过无线通道连接无线接入设备接入，无线接入网关通过访问控制策略限制移动终端的访问行为。后台的移动终端管理系统负责对移动终端的管理，包括向客户端软件发送移动设备管理、移动应用管理和移动内容管理策略等。等保 2.0 标准的移动互联安全扩展要求主要针对移动终端、移动应用和无线网络部分提出特殊安全要求，与安全通用要求一起构成对采用移动互联技术的等级保护对象的完整安全要求。

（2）移动互联定级。移动互联的等级保护对象应作为一个整体对象定级，其中移动终端、移动应用和无线网络等要素不单独定级。

（3）安全扩展要求。等保 2.0 标准规定的移动互联安全扩展要求包括安全物理环境、安全区域边界、安全计算环境及管理要求。

4. 物联网安全扩展要求

（1）物联网系统构成。物联网系统从架构上可分为三个逻辑层，即感知层、网络传输层、处理应用层。感知层包括传感器节点和传感网网关节点，或 RFID 标签和 RFID 读写器，也包括这些感知设备及传感网网关、RFID 标签与阅读器之间的短距离通信（通常为无线）；网络传输层是指将这些感知数据远距离传输到处理中心的网络，包括电信网/互联网、移动网，常包括几种不同网络的融合；处理应用层是指对感知数据进行存储与智能处理的平台，并对行业应用终端提供计算服务。对于大型物联网系统而言，处理应用层一般是云计算平台和行业应用终端设备。

（2）物联网系统定级。物联网应作为一个整体对象定级，主要包括感知层、网络传输层和处理应用层等要素，如图 2-11 所示。

（3）安全扩展要求。等保 2.0 标准规定的物联网安全扩展要求包括安全物理环境、安全区域边界、安全计算环境、安全运维管理。

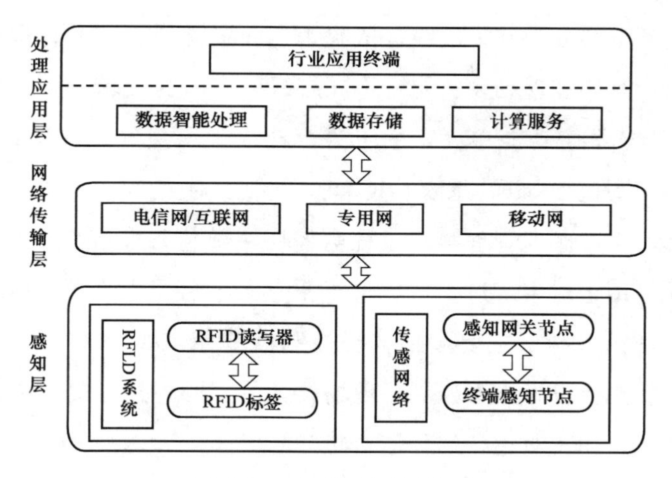

图 2-11　物联网逻辑层构成

5. 工业控制系统安全扩展要求

（1）功能层次模型。等保 2.0 标准参考 IEC 62264-1 的层次结构模型划分，同时将 SCADA 系统、DCS 系统和 PLC 系统等模型的共性进行抽象，对工业控制系统采用层次模型进行说明。图 2-12 给出了功能层次模型。层

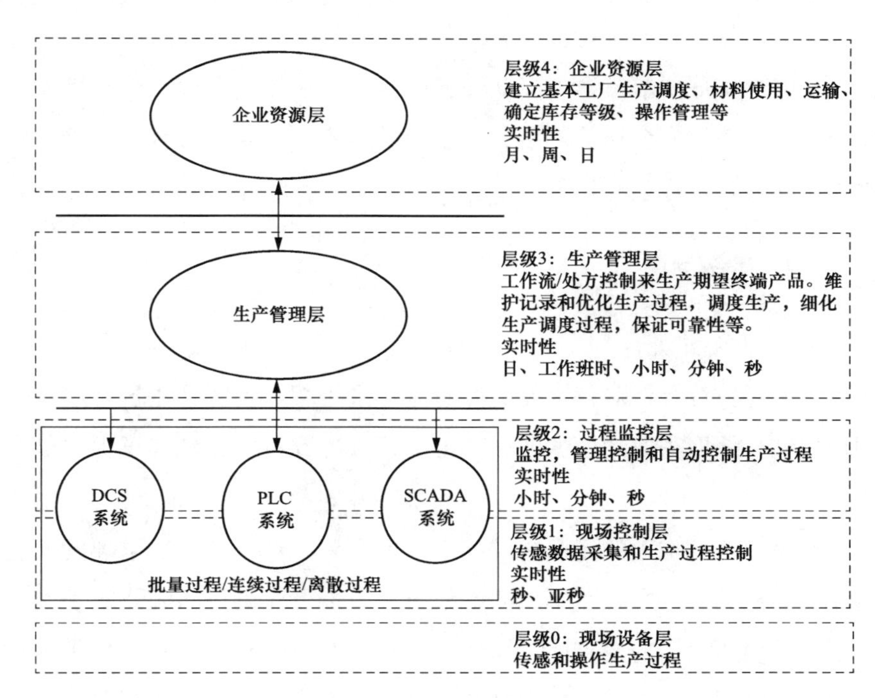

图 2-12　功能层次模型

次模型从上到下共分为五个层级，依次为企业资源层、生产管理层、过程监控层、现场控制层和现场设备层，不同层级的实时性要求不同。企业资源层主要包括 ERP 系统功能单元，用于为企业决策层员工提供决策运行手段；生产管理层主要包括 MES 系统功能单元，用于对生产过程进行管理，如制造数据管理、生产调度管理等；过程监控层主要包括监控服务器与 HMI 系统功能单元，用于对生产过程数据进行采集与监控，并利用 HMI 系统实现人机交互；现场控制层主要包括各类控制器单元，如 PLC、DCS 控制单元等，用于对各执行设备进行控制；现场设备层主要包括各类过程传感设备与执行设备单元，用于对生产过程进行感知与操作。

（2）工业控制系统定级。工业控制系统主要包括现场采集/执行、现场控制、过程控制和生产管理等特征要素。其中，现场采集/执行、现场控制和过程控制等要素应作为一个整体对象定级，各要素不单独定级；生产管理要素可单独定级。

对于大型工业控制系统，可以根据系统功能、责任主体、控制对象和生产厂商等因素划分为多个定级对象。

（3）安全扩展要求。等保 2.0 标准规定的工业控制系统安全扩展要求包括安全物理环境、安全通信网络、安全区域边界、安全计算环境、安全建设管理。

2.5.4 等级测评

1. 等级测评方法

等级测评方法是针对特定的测评对象，采用相关的测评手段，遵从一定的测评规程，获取需要的证据数据，给出是否达到特定级别安全保护能力的评判。

针对每一个要求项的测评构成一个单项测评，针对某个要求项的所有具体测评内容构成测评实施。单项测评中的每一个具体测评实施要求项是与安全控制点下面所包括的要求项（测评指标）相对应的。在对每一要求项进行测评时，可能用到访谈、核查和测试三种测评方法，也可能用到其中一种或两种。

根据调研结果，分析等级保护对象的业务流程和数据流，确定测评工作的范围。结合等级保护对象的安全级别，综合分析系统中各个设备和组件的功能和特性，从等级保护对象构成组件的重要性、安全性、共享性、全面性和恰当性等几方面属性确定技术层面的测评对象，并将与其相关的人员及管理文档确定为管理层面的测评对象。测评对象可以根据类别加以描述，包括机房、业务应用软件、主机操作系统、数据库管理系统、网络互联设备、安全设备、访谈人员及安全管理文档等。

等级测评活动中涉及测评力度，包括测评广度（覆盖面）和测评深度（强弱度）。安全保护等级较高的测评实施应选择覆盖面更广的测评对象和更强的测评手段，可以获得可信度更高的测评证据。

每个等级测评要求都包括安全测评通用要求、云计算安全测评扩展要求、移动互联安全测评扩展要求、物联网安全测评扩展要求和工业控制系统安全测评扩展要求五个部分。

2. 等级测评分类

等级测评包括单项测评和整体测评。

单项测评是针对各安全要求项的测评，支持测评结果的可重复性和可再现性。单项测评由测评指标、测评对象、测评实施和单元判定结果构成。

整体测评是在单项测评基础上，对等级保护对象整体安全保护能力的判断。整体安全保护能力从纵深防护和措施互补两个角度评判。

3. 测评工作流程

（1）测评准备阶段。本阶段是开展等级测评工作的前提和基础，是整个等级测评过程有效性的保证。测评准备工作是否充分直接关系到后续工作能否顺利开展。本阶段的主要任务是掌握被测系统的详细情况，准备测试工具，为编制测评方案做好准备。

（2）方案编制阶段。本阶段是开展等级测评工作的关键，为现场测评提供最基本的文档和指导方案。本阶段的主要任务是确定与被测信息系统相适应的测评对象、测评指标及测评内容等，并根据需要使用已有的测评指导书或重新开发新的测评指导书，形成测评方案。

（3）现场测评阶段。本阶段是开展等级测评工作的核心。本阶段的主要任务是按照测评方案的总体要求，严格执行测评指导书，分步实施所有测评项目，包括单元测评和整体测评两个方面，以了解系统的真实保护情况，获取足够证据，发现系统存在的安全问题。

（4）报告编制阶段。本阶段给出等级测评工作结果，是总结被测系统整体安全保护能力的综合评价阶段。本阶段的主要任务是根据现场测评结果和行标的有关要求，通过单项测评结果判定、单元测评结果判定、整体测评和风险分析等方法，找出整个系统的安全保护现状与相应等级的保护要求之间的差距，并分析这些差距导致被测系统面临的风险，从而给出等级测评结论，形成测评报告文本。

第3章　配电自动化系统通用安全防护技术

本章重点介绍配电自动化系统通用安全防护技术，包括防火墙、漏洞扫描技术、入侵检测技术、数据库审计、用户行为审计、流量监测技术、恶意代码防护技术以及系统安全加固技术。本章内容是保障配电自动化系统网络安全的重要的技术手段，也是本书的重要章节，需全部掌握。

3.1　防　火　墙

3.1.1　基本概念

防火墙是一种位于两个或多个网络域间，实现不同网络域之间访问控制的组件集合。防火墙是在两个网络通信时执行的一种访问控制，只允许白名单范围内的用户和数据访问目的网络，最大限度地阻止网络中的黑客的访问。对普通用户来说，所谓“防火墙”，指的是一种被放置在自己的计算机与外界网络之间的防御系统，从网络发往计算机的所有数据都要经过它的判断处理后，再决定是否可以把这些数据传输给计算机，从而实现对计算机的保护功能。

防火墙从诞生开始，已经经历了四个发展阶段：①基于路由器的防火墙；②用户化的防火墙工具套；③建立在通用操作系统上的防火墙；④具有安全操作系统的防火墙。

现阶段常见的防火墙属于具有安全操作系统的防火墙，例如 NETEYE、NETSCREEN、TALENTIT 等。

3.1.2 技术原理

1. 防火墙技术分类

防火墙技术可以分为包过滤、应用代理、状态检测、完全内容检测四类。

(1) 包过滤防火墙技术。包过滤（Packet Filtering）为最常用的技术，工作在OSI模型第3层网络层，运作在底层的TCP/IP协议堆栈上。包过滤以枚举的方式只允许符合特定规则的数据包通过，其余的则禁止穿越防火墙（病毒除外，防火墙不能防止病毒侵入）。这些规则通常可以经由管理员定义或修改，不过某些防火墙设备只能套用内置的规则。根据数据包头中的IP、端口、协议等确定是否有数据包通过。其技术特点为：①包过滤防火墙不检查数据区；②包过滤防火墙不建立连接状态表；③前后报文无关；④应用层控制很弱。

包过滤防火墙技术的优点和缺点如下：

1）优点：不用改动应用程序，一个过滤路由器能协助保护整个网络，数据包过滤对用户透明，过滤路由器速度快、效率高。

2）缺点：不能彻底防止地址欺骗，一些应用协议不适合于数据包过滤，正常的数据包过滤路由器无法执行某些安全策略，安全性较差；此外，数据包工具存在很多局限性。

(2) 应用代理防火墙技术。应用代理（Application Proxy）为防火墙的另一种主要技术，工作在OSI模型第7层应用层，使用浏览器时所产生的数据流或是使用FTP时的数据流都是属于这一层。应用代理防火墙可以拦截进出某应用程序的所有数据包，并且封锁其他的数据包（通常是直接将数据包丢弃）。理论上，这一类的防火墙可以完全阻绝外部的数据流进受保护的机器里，通过编写应用代理程序实现对应用层数据的检测和分析。其技术特点为：①不检查TCP/IP报头；②不建立连接状态表；③网络层保护比较弱。

应用代理防火墙技术的优点和缺点如下：

1）优点：代理易于配置，能生成各项记录，能灵活、完全地控制进出的流量、内容，能过滤数据内容，能为用户提供透明的加密机制，可方便地与其他安全手段集成。

2）缺点：代理速度相对于路由器来说比较慢，对用户不透明，对每项服务代理可能要求不同的服务器，代理服务不能保证免受所有协议弱点的限制，不能改进底层协议的安全性。

（3）状态检测防火墙技术。状态检测（Stateful Inspection）防火墙工作在OSI模型的2～4层，控制方式与包过滤防火墙技术相同，处理的对象不是单个数据包，而是整个链接。防火墙通过规则表（管理人员和网络使用人员预先设定完成）和链接状态表综合判断是否允许数据包通过。其技术特点为：①不检查数据区；②建立连接状态表；③前后报文相关；④应用层控制很弱。

（4）完全内容检测防火墙技术。完全内容检测（Compelete Content Inspection）既有包过滤功能，也有应用代理功能。其工作在OSI模型2～7层，不仅可分析数据包头信息、状态信息，而且可对应用层协议进行还原和内容分析，能有效防范混合型安全威胁。其技术特点为：①网络层保护强；②应用层保护强；③会话保护很强；④上下文相关；⑤前后报文有联系。

2. 安全策略

安全策略即访问规则，描述了防火墙允许或禁止匹配报文通过。

（1）防火墙接收到报文后，将顺序匹配访问规则表中所设定的规则。

一旦寻找到匹配的规则，则按照该策略所规定的操作（允许或丢弃）处理该报文，不再进行区域默认的检查。

如果不存在可匹配的访问规则，防火墙将根据目的接口所在区域的默认属性（允许访问或禁止访问），处理该报文。

（2）在进行访问规则查询之前，防火墙将首先查询数据包是否符合目的地址转换规则。

如果符合目的地址转换规则，防火墙将把接收的报文的目的IP地址转换为预先设置的IP地址（一般为真实IP地址）。

因此在进行访问规则设置时，系统一般采用的是真实的源和目的地址（转换后目的地址）来设置访问规则；同时，系统也支持按照转换前的目的地址设置访问规则，此时，报文将按照转换前的目的地址匹配访问规则。

防火墙安全策略的原则为：①由上至下：策略按由上开始往下执行；②匹配优先：最先匹配的策略会立即执行；③默认禁止：不可见的最后一条默认策略是禁止。

3.1.3 功能介绍

在众多信息安全产品中，防火墙作为较早进入用户视野的产品，一直凭借其功能全面、性能卓越的特点成为用户首选。防火墙的主要功能可以概括为四个字，即访问控制，其最大的作用是为网络构建安全边界。

防火墙可以强化网络安全策略，监控网络存取和访问，防止内部信息外泄，实现数据库安全的实时防护等，下面详细介绍其功能。

(1) 强化网络安全策略。通过以防火墙为中心的安全方案配置，能将所有安全软件（如口令、加密、身份认证、审计等）配置在防火墙上。与将网络安全问题分散到各个主机上相比，防火墙的集中安全管理更经济。例如在网络访问时，一次一密口令系统和其他的身份认证系统可以不必分散在各个主机上，而集中在防火墙上。

(2) 监控网络存取和访问。如果所有的访问都经过防火墙，那么防火墙就能记录下这些访问并形成日志，同时也能提供网络使用情况的统计数据。当发生某些可疑动作时，防火墙能进行报警，并保存监测和攻击的详细信息。该功能可以确定防火墙是否能够抵挡攻击者的探测和攻击，并且清楚防火墙的控制是否充足，另外也可以通过网络使用统计分析网络需求和威胁。

(3) 防止内部信息的外泄。通过利用防火墙对内部网络的划分，可实现内部网络重点网段的隔离，从而限制了局部重点或敏感网络安全问题对全局网络造成的影响。再者，隐私是内部网络非常关心的问题，一个内部网络中不引人注意的细节可能包含了有关安全的线索而引起外部攻击者的兴趣，甚至因此而暴露了内部网络的某些安全漏洞。使用防火墙就可以隐蔽那些透漏内部细节的服务，如 Finger、DNS 等。

（4）实现数据库安全的实时防护。数据库防火墙通过 SQL 协议分析，根据预定义的禁止和许可策略让合法的 SQL 操作通过，阻断非法违规操作，形成数据库的外围防御圈，实现 SQL 危险操作的主动预防和实时审计。数据库防火墙面对来自外部的入侵行为，提供 SQL 注入禁止和数据库虚拟补丁包功能。

防火墙是保护网络安全的基础性设施，但是它还存在着一些不易防范的安全威胁：

（1）防火墙不能防范未经过防火墙或绕过防火墙的攻击。例如，如果允许从受保护的网络内部向外拨号，一些用户就可能形成与 Internet 的直接连接。

（2）防火墙基于数据包包头信息的检测阻断方式，主要对主机提供或请求的服务进行访问控制，无法阻断通过开放端口流入的有害信息，因此它不是对蠕虫或者黑客攻击的解决方案。

（3）防火墙很难防范来自网络内部的攻击或滥用。

3.1.4 典型应用场景

在配电网中防火墙以分层方式隔离配电网故障，通过设置多层防火墙来实现对配电网故障的层层防护。

通常防火墙有三种工作模式，即路由模式、透明模式、混合模式。

1. 路由模式的应用

传统的防火墙工作于路由模式，即防火墙可以让处于不同网段的计算机通过路由转发的方式互相通信，如图 3-1 所示。

路由模式防火墙有两个局限：

（1）工作于路由模式时，防火墙各网口所接的局域网必须是不同的网段，如果其中所接的局域网位于同一网段时，那么它们之间的通信将无法进行。

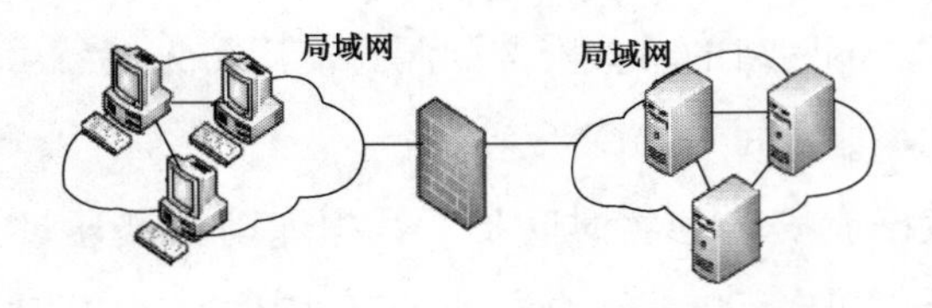

图 3-1 路由模式防火墙部署应用

（2）如果用户试图在一个已经形成了的网络里添加防火墙，而该防火墙又只能工作于路由模式，则与防火墙所接的主机（或路由器）的网关都要指向防火墙。如果用户的网络非常复杂时，设置会比较麻烦。

由于工作于路由模式的防火墙在使用时的这些特性，人们常常把它称为“不透明”的防火墙。

2. 透明模式的应用

透明模式防火墙可以接在IP地址属于同一子网的两个物理子网之间，如果将它加入一个已经形成了的网络中，可以不用修改周边网络设备配置，如图3-2所示。

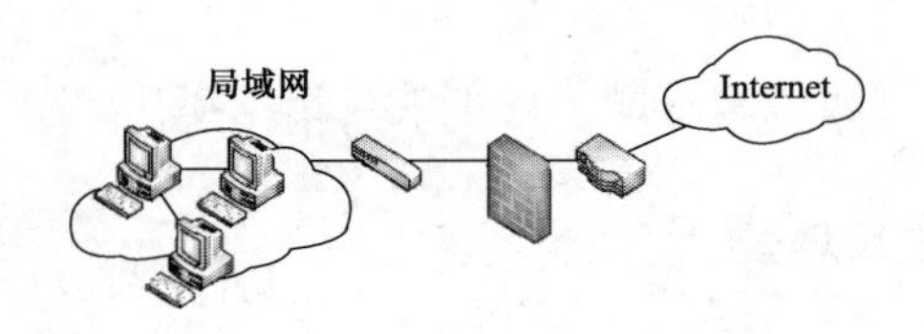

图 3-2 透明模式防火墙的部署应用

在上述拓扑中，防火墙两端的IP地址处于同一子网。路由模式的防火墙在这里无法工作。路由模式和透明模式在不同的环境里都会有应用，大多数防火墙一般是同时保留了透明模式和路由模式，在使用时由用户根据实际情况进行选择，让防火墙在透明模式和路由模式下进行转换。

3. 混合模式的应用

第三种应用模式为混合模式，即防火墙既有透明部署方式，又有路由部署方式，如图3-3所示。

混合模式极大提高了防火墙的适应性，给管理员带来较容易的部署方式。

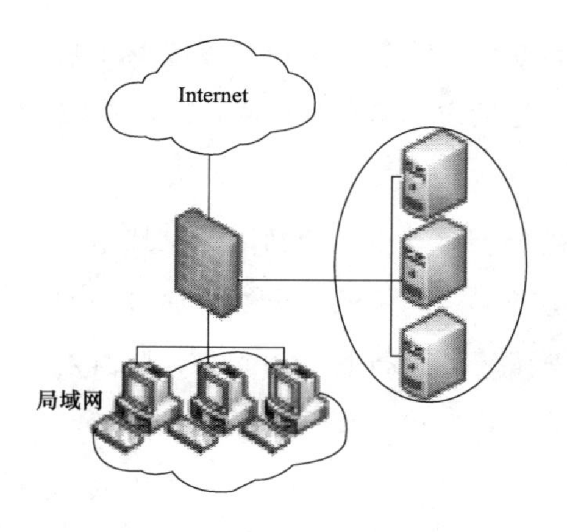

图 3-3 混合模式防火墙的部署应用

3.2 漏洞扫描技术

3.2.1 基本概念

1. 漏洞的概念和危害

漏洞是在硬件、软件、协议的具体实现或系统安全策略上存在的缺陷，可以使攻击者在未授权的情况下访问或破坏系统。安全漏洞有很多种分类方式，按照漏洞宿主的不同，可以分为三大类：第一类是由于操作系统本身设计缺陷带来的安全漏洞，这类漏洞将被运行在该系统上的应用程序所继承；第二类是应用软件程序的安全漏洞；第三类是应用服务协议的安全漏洞。近年来，针对应用软件程序和应用服务协议安全漏洞的攻击越来越多，同时利用病毒、木马技术进行网络盗窃和诈骗的犯罪活动呈快速上升趋势，产生大范围危害。

针对 Web 应用安全漏洞的攻击逐渐成为主流的攻击方式。利用网站操作系统的漏洞和 Web 服务程序的 SQL 注入漏洞等，黑客能够得到 Web 服务器的控制权限，从而轻易篡改网页内容或者窃取重要内部数据，甚至在网页中植入恶意代码（俗称“网页挂马”），使得更多网站访问者受到侵害。

安全漏洞的危害范围在逐渐扩大，由系统层扩展到应用层，由服务器扩展到客户端，由少数操作系统扩展到绝大多数操作系统；由此造成的经济损失也越来越大，尤其是用户不易察觉的隐性攻击造成的损失是无法衡量的。

2. 漏洞扫描技术概念

漏洞扫描技术是一类非常重要的网络安全技术，与防火墙、入侵检测系统互相配合，能够有效提高网络的安全性。通过对网络的扫描，网络管理员可以了解网络的安全配置和运行的应用服务，及时发现安全漏洞，客观评估网络风险等级。网络管理员可以根据扫描结果更正网络安全漏洞和系统中的错误配置，在黑客攻击前进行防范。如果说防火墙和网络监控系统是被动的防御手段，那么漏洞扫描技术就是一种主动的防范措施，可以有效避免黑客攻击，做到防患于未然。

3.2.2 技术原理

1. 模块设计

漏洞扫描系统采用开放式架构及模块化设计，使用中间层理念以减少平台对硬件的依赖。主要模块包括：

(1) 操作系统模块，提供基础的操作系统；

(2) 已知漏洞扫描模块，提供对操作系统工控网络中已知漏洞的轻量级检测；

(3) 未知漏洞扫描模块，提供对上位机和 PLC 进行未知漏洞扫描功能；

(4) 日志、报表模块，对漏洞扫描过程进行监控，展示扫描结果；

(5) 管理系统模块，提供对扫描任务及系统配置的扫描功能；

(6) 用户管理模块，提供可视化用户配置界面用于配置漏洞扫描任务及系统管理任务；

(7) 升级系统模块，提供对扫描系统、漏洞库、漏洞引擎的升级功能。

2. 漏洞扫描分类

漏洞扫描可以划分为 Ping 扫描、端口扫描、OS 探测、脆弱点探测、防火墙扫描五种主要技术，每种技术实现的目标和运用的原理各不相同。按照 TCP/IP 协议簇的结构，Ping 扫描工作在网络层，端口扫描、防火墙探测工作在传输层，OS 探测、脆弱点探测工作在网络层、传输层、应用层。Ping 扫描确定目标主机的 IP 地址，端口扫描探测目标主机所开放的端口，然后基于端口扫描结果进行 OS 探测和脆弱点扫描。

（1）Ping 扫描。Ping 扫描是指侦测主机 IP 地址的扫描。Ping 扫描的目的是确认目标主机的 TCP/IP 网络是否联通，即扫描的 IP 地址是否分配了主机。对于没有任何预知信息的黑客而言，Ping 扫描是进行漏洞扫描及入侵的第一步。对已经了解网络整体 IP 划分的网络安全人员来讲，也可以借助 Ping 扫描对主机的 IP 分配有一个精确的定位。大体上，Ping 扫描是基于 ICMP 协议的。其主要思想就是构造一个 ICMP 包，送给目标主机，从得到的响应来进行判断。

根据构造的 ICMP 包不同，Ping 扫描又分为 ECHO 扫描和 non-ECHO 扫描两种。

（2）端口扫描。端口扫描用来探测主机所开放的端口。比如 23 端口对应 Telnet，21 端口对应 FTP，80 端口对应 HTTP。端口扫描通常只做最简单的端口连通性测试，不做进一步的数据分析，因此比较适合进行大范围的扫描，对指定 IP 地址进行某个端口值段的扫描，或者指定端口值对某个 IP 地址段进行扫描。端口扫描是较早的一种判定服务方式，对于大范围评估具有一定价值，但其精度较低。例如，使用 nc 这样的工具在 80 端口上监听，这样扫描时会以为 80 端口处开放，但实际上 80 端口并没有提供 HTTP 服务，由于这种关系只是简单对应，并没有去判断端口运行的协议，这就会产生了误判，这就是端口扫描技术在服务判定上的根本缺陷。

根据端口扫描使用的协议，可分为 TCP 扫描和 UDP 扫描。

（3）OS 探测。OS 探测有双重目的，一是探测目标主机的 OS 信息，二是探测提供服务的计算机程序的信息。

OS 探测可以分为二进制信息探测、HTTP 响应分析、栈指纹分析。

（4）脆弱点扫描。从对黑客攻击行为的分析和脆弱点的分类，绝大多数扫描都是针对特定操作系统中的特定的网络服务来进行，即针对主机上的特定端口。

脆弱点扫描使用的技术主要有基于脆弱点数据库和基于插件两种。

（5）防火墙规则探测。采用类似于 Traceroute 的 IP 数据包分析法，检测能否给位于过滤设备后的主机发送一个特定的包，目的是便于漏洞扫描后的入侵或下次扫描的顺利进行。通过这种扫描，可以探测防火墙上打开或允许通过的端口，并且探测防火墙规则中是否允许带控制信息的包通过，另外还可以探测到位于数据包过滤设备后的路由器。

3.2.3 功能介绍

漏洞扫描是所有平台即服务（PaaS）和基础设施即服务（IaaS）都必须执行的。无论它们是在云中托管应用程序还是运行服务器和存储基础设施，用户都必须对暴露在互联网中的系统的安全状态进行评估。漏洞扫描的功能如下：

（1）定期网络安全自我检测、评估。配备漏洞扫描系统，网络管理人员可以定期进行网络安全检测服务。安全检测可帮助用户最大可能地消除安全隐患，尽可能早地发现安全漏洞并进行修补，有效地利用已有系统，优化资源，提高网络的运行效率。

（2）安装新软件、启动新服务后的检查。由于漏洞和安全隐患的形式多种多样，安装新软件和启动新服务都有可能使原来隐藏的漏洞暴露出来，因此进行这些操作之后应该重新扫描系统，才能使安全得到保障。

3.2.4 典型应用场景

漏洞扫描平台部署可采用远程访问方式，也可旁路连接现有网络，不对其做任何修改。在典型中小型网络中单机旁路部署，可以从运营管理层、生产管理层、监督管理层与现场控制层四个方面对工业场景进行全方位覆盖。此外，在隔离网络中可采用级联部署，需要深入检查安全域内的安全风险时采用分布式部署。可对各系统间的数据共享并汇总，方便用户对分布式网络进行集中管理。

图 3-4 为典型的脆弱点扫描与管理系统分部式部署模式。

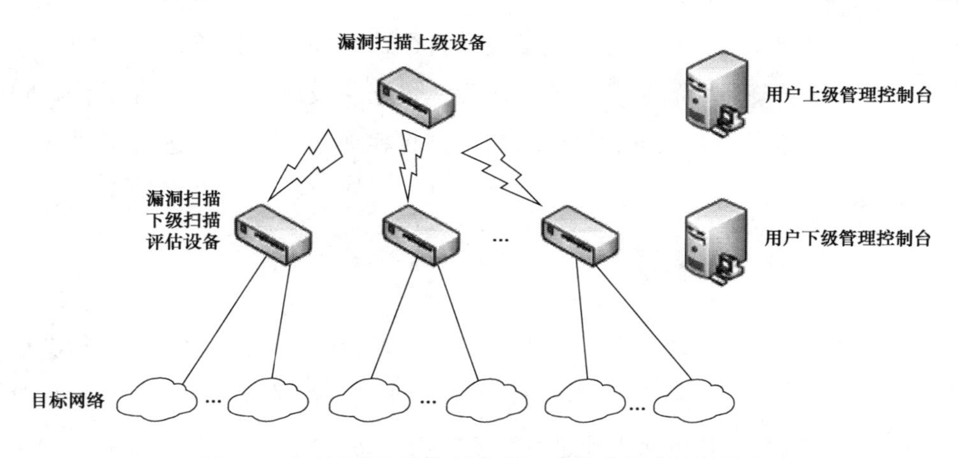

图 3-4 典型的脆弱点扫描与管理系统分部式部署模式

3.3 入侵检测技术

3.3.1 基本概念

入侵检测（Intrusion Detection）顾名思义是对入侵行为的发觉。“入侵”是一个广义的概念，不仅包括被发起攻击的人（如恶意的黑客）取得超出合法范围的系统控制权，也包括手机漏洞信息、造成拒绝访问（Denial Service）等对计算机系统造成危害的行为。

通常可以依靠经验并借助一些工具去判定何时、何地、是否发生了入侵行为，但是如果可以通过对计算机网络或者计算机系统中的若干关键点收集信息并对其进行分析，从中发现网络或系统中是否有违反安全策略的行为和被攻击的迹象，将极大提高入侵检测的效率，减小响应时间。而这种进行入侵检测的软件与硬件的组合便是入侵检测系统（Intrusion Detection System, IDS）。

在本质上，入侵检测系统是一个典型的“窥探设备”。常规 IDS 不跨接多个物理网段（通常只有一个监听端口），无须转发任何流量，而只需要在网络上被动的、无声息地收集它所关心的报文即可。对收集来的报文，入侵检测系统提取相应的流量统计特征值，并利用内置的入侵知识库与这些流量特征进行智能分析比较匹配。根据预设阈值匹配耦合度较高的报文流量将被认为是入侵，入侵检测系统将根据相应的匹配进行报警或有限度的反击。

3.3.2 技术原理

网络入侵检测系统旁路在计算机网络中，可对网络数据流量进行深度检测、实时分析，并对网络中的攻击行为进行主动检测的安全设备；入侵检测系统主要是对应用层的数据流进行深度分析，动态地保护来自内部和外部网络攻击行为的安全设备。通过使用误用检测、异常检测、智能协议分析、会话状态分析、实时关联检测等多种入侵检测技术，实现对网络攻击行为的全方位检测和立体呈现。

入侵检测系统的主要组件及基本结构由网络探测引擎、管理控制中心、综合信息显示、日志分析中心组成。其基本结构如图 3-5 所示。

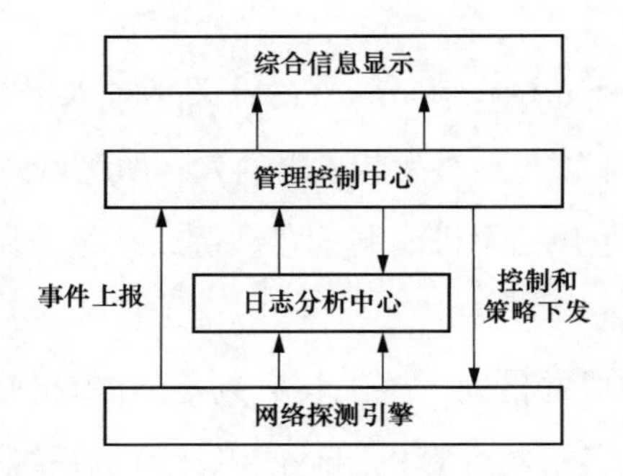

图 3-5 入侵检测系统基本结构

（1）网络探测引擎。IDS 探测引擎结构如图 3-6 所示。

IDS 探测引擎的主要功能包括原始数据读取、数据分析、事件产生、策略匹配、事件处理、通信等。探测引擎分布在需要监控的网段中或安装在需要监视的主机上，执行入侵检测。引擎能实时监视网络中的数据流量，并根据用户定义的条件进行检测，识别出正在进行的攻击。监测到入侵信息后，主机引擎向控制中心的管理控制台发出警告，由管理控制中心给出定位显示。

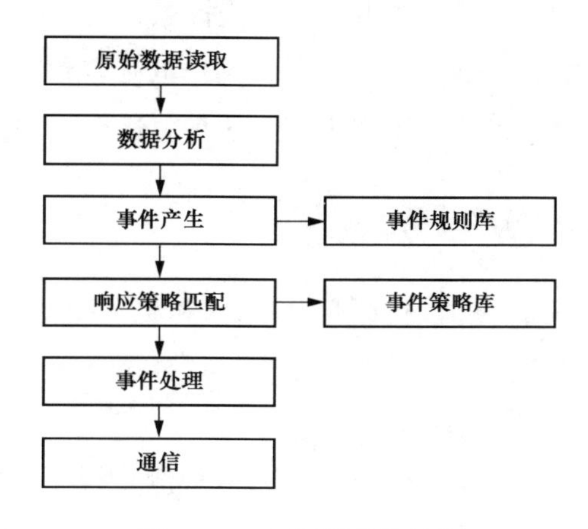

图 3-6　IDS 探测引擎结构

（2）管理控制中心。管理控制中心控制位于本地或远程的多个网络入侵检测引擎的活动，集中制定和配置策略，提供统一的数据管理。管理控制中心可以被设置为主、子结构。

管理控制中心是一个高性能的管理系统，如图 3-7 所示，它能控制位于本地或远程的多个检测引擎的活动，集中制定和配置策略，提供统一的数据管理和实时告警管理。它能显示详细的入侵告警信息（如入侵者的 IP 地址、攻击特征），对事件的响应提供在线帮助，以最快的方式组织入侵事件的发生。另外，它还能全面地接收和管理日志，以便进行事后分析并形成综合报告。

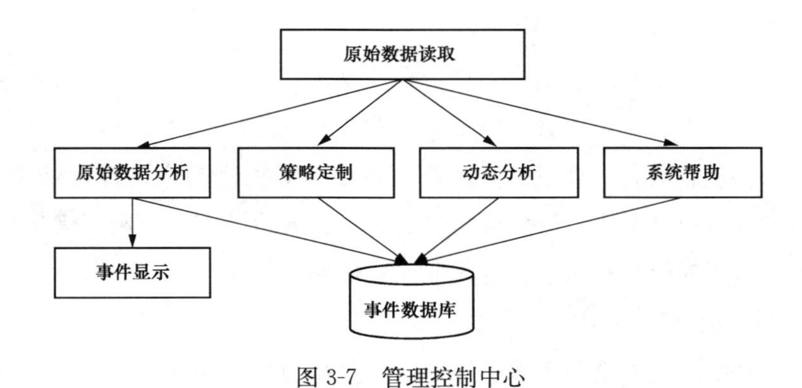

图 3-7　管理控制中心

（3）综合信息显示。综合信息显示主要提供详细的入侵告警信息（如入侵者的 IP 地址、攻击特征），对事件的响应提供在线帮助。

（4）日志分析中心。日志分析中心将历史的报警信息进行分类提取，提供了多种分析手段和模板，可以产生用户所需要详细报表。

3.3.3 入侵检测技术分类

按照检测对象划分，入侵检测技术可分为基于主机的检测、基于网络的检测和混合型检测三类。

1. 基于主机的检测（HIDS）

基于主机的入侵检测系统是早期的入侵检测系统，通常是软件型的，直接安装在需要保护的主机上。其检测的目标主要是主机系统和系统本地用户，检测原理是根据主机的审计数据和系统日志发现可疑事件。

优点：信息详细，误报率低，部署灵活。

缺点：会降低应用系统的性能；依赖于服务器原有的日志与监视能力，代价较大；不能对网络进行监测，需要安装多个针对不同系统的检测系统。

2. 基于网络的检测（NIDS）

基于网络的入侵检测系统是目前一种比较主流的检测系统，这类检测系统需要有一台专门的检测设备。检测设备放置在比较重要的网段内，不停监视网段中的各种数据包，而不再是只监测单一主机。它对所监测的网络上每一个数据包或可疑的数据包进行特征分析，如果数据包与产品内置的某些规则吻合，入侵检测系统就会发出警报，甚至直接切断网络连接。目前大部分入侵检测产品是基于网络的。

优点：能够检测来自网络的攻击和超过授权的非法访问，不需要改变服务器等主机的配置，也不会影响主机性能，风险低，配置简单。

缺点：成本高，计算量大，监测范围小，对加密的会话过程处理较难，网络流速高时可能会丢失许多数据包，容易让入侵者有机可乘，无法检测加密的数据包，对于直接对主机的入侵无法检测出。

3. 混合型（Hybrid）

基于网络的入侵检测和基于主机的入侵检测产品都有不足之处，单纯使用一类产品会造成主动防御体系不全面。它们可以互补构成一套完整的主动防御体系，既可以发现网络中的供给信息，也可以从系统日志中发现异常情况。

3.3.4 入侵检测系统规则库

IDS要有效地捕捉入侵行为，必须拥有一个强大的入侵特征数据库，就如同公安部门必须拥有健全的罪犯信息库一样。IDS中的特征就是指用于判别通信信息种类的样板数据，通常分为多种，下面介绍一些典型情况及识别方法。

（1）来自保留IP地址的连接企图：可通过检查IP报头的来源地址轻易识别。

（2）带有非法TCP标志联合物的数据包：可通过对比TCP报头中的标志集与已知正确和错误标记联合五的不同点来识别。

（3）含特殊病毒信息的E-mail：可通过对比每封E-mail的主题信息和病态E-mail的主题信息来识别，或者通过搜索特定名称的附近来识别。

（4）查询负载中的DNS缓冲区溢出企图：可通过解析DNS域及检查每个域的长度来识别利用DNS域的缓冲区溢出企图。

（5）通过对POP3服务器发出上千次同一命令而导致的DoS攻击：通过跟踪记录某个命令连续发出的次数，看是否超过预设上线，若是，则发出报警信息。

（6）未登录情况下使用文件和目录命令对FTP服务器的文件访问攻击：通过创建具备状态跟踪的特征样板监视成功登录FTP对话，发现未经验证却发命令的入侵企图。

（7）特征是检测数据包中的可疑内容是否真正“不可救药”样板，也就是“坏分子克隆”。

特征的定制或编写程度可粗可细，完全取决于实际需求。可以只判断是否发生了异常行为而不确定具体是什么攻击名号，从而节省资源和时间；也可以判断出具体的攻击手段或漏洞利用方式，从而获取更多的信息。

3.3.5 功能介绍

入侵检测系统的基本功能是对网络传输进行即时监视，在发现可疑传输时发出警报或者采取主动反应措施。它与其他网络安全设备的不同之处在于，IDS是一种积极主动的安全防护技术。

在如今的网络拓扑中，已经很难找到以前的HUB式的共享介质冲突域的网络，绝大部分的网络区域都已经全面升级到交换式的网络结构。因此，IDS在交换式网络中的位置一般选择在尽可能靠近攻击源或受保护资源的位置。

网络安全防护的重点是存储与运行在网络上的各种关键信息。所以，越是靠近被防护点的威胁其风险也就越大。由此看来，用户所面临的最大风险应该来自网络内部，网络安全的重点应该是网络内部防护。入侵检测系统的主要功能可以概括为：

（1）操作系统日志管理，并识别违反安全策略的用户活动。

（2）监视并分析用户和系统的活动，查找非法用户和合法用户的越权操作。

（3）检测系统配置的正确性和安全漏洞，并提示管理员修补漏据。

（4）对用户的非正常活动进行统计分析，发现入侵行为的规律。

（5）检查系统程序和数据的一致性与正确性，如计算和比较文件系统的校验和。

（6）能够实时对检测到的入侵行为做出反应。

（7）操作系统的审计跟踪管理。

3.3.6 典型应用场景

如图3-8所示，网络入侵检测系统旁路部署在计算机网络中，对网络数据流量进行深度检测、实时分析，并对网络中的攻击行为进行主动检测。在企业网络的出入口和重点服务器处分别部署入侵检测系统，可以很好地保护企业的重要信息资产，提高企业网络整体的安全水平。

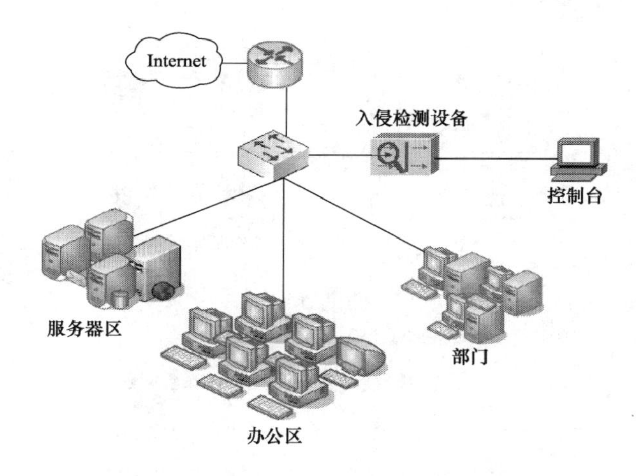

图 3-8　入侵检测系统部署示意图

3.4　数据库审计

3.4.1　基本概念

数据库审计（DBAudit）能够实时记录网络上的数据库活动，对数据库操作进行细粒度审计的合规性管理，对数据库遭受到的风险行为进行告警，对攻击行为进行阻断。它通过对用户访问数据库行为的记录、分析和汇报，来帮助用户事后生成合规报告、事故追根溯源，同时，可加强内外部数据库网络行为记录，提高数据资产安全。

数据库审计是数据库安全技术之一，数据库安全技术主要包括数据库安全审计、数据库漏扫、数据库加密、数据库防火墙、数据脱敏等。

3.4.2　工作原理

数据库审计系统部署方式如图 3-9 所示，主要通过旁路监控并记录对数据库服务器的各类操作行为，通过对网络数据的分析实时地、智能地解析对数据库服务器的各种操作、恶意攻击事件信息并记入审计数据库中以便日后进行查询、分析，实现对目标数据库系统操作的监控和审计。

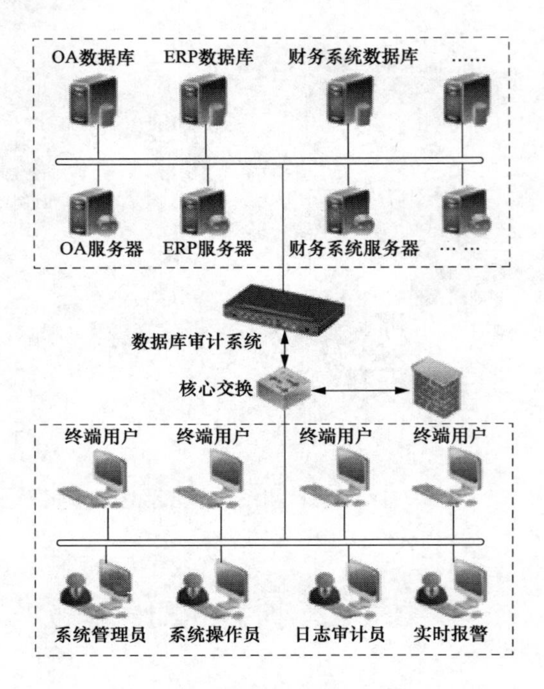

图 3-9　数据库审计系统部署方式

数据库审计系统采用旁路侦听的方式进行工作，有易于部署，不必对业务网络结构做任何更改，对业务网络没有任何影响。利用业务协议分析检测技术，能够识别各类数据库的访问协议、FTP 协议、TELNET 协议、VNC 协议、文件共享协议，以及其他 20 多种应用层协议，经过审计系统的智能分析，发现网络入侵和操作违规行为。由于工作在网络层，审计系统需拥有较好的平台兼容性，能够对多种操作系统平台（Windows、Linux、HP-UX、Solaris、AIX）下各个版本的 SQL Server、Oracle、DB2、Sybase、MySQL 等数据库进行审计。审计的行为包括 DDL、DML、DCL，以及其他操作等行为；审计的内容可以细化到库、表、记录、用户、存储过程、函数、调用参数等。

3.4.3　功能介绍

1. 数据库协议审计

系统支持对国内外主流商业与行业数据库进行安全审计，包括商业数据库 Oracle、SQL Server、DB2、Infomix、Sybase，行业数据库 Cache，开源数据库 MySQL、PostgreSQL，国产数据库人大金仓、达梦、南大通用。

可针对这些数据库的任意客户端的不同编码方式进行的数据库访问审计。

2. 基本信息审计

基本信息主要包括 TCP 五元组、应用协议识别结果、IP 地址溯源结果等，具体包括：

（1）源地址，目的地址，源端口，目的端口，传输协议；

（2）源 MAC，目的 MAC，源用户，目的用户；

（3）源国家，目的国家，源区域，目的区域，源城市，目的城市；

（4）应用协议名，应用协议分组；

（5）VLANID，时间。

3. SQL 操作审计

SQL 操作审计主要包括 SQL 语句的解析，SQL 语句的操作类型、操作字段和操作表名等的分析。具体包括：

（1）支持 SQL 操作响应时间的审计，支持 Update、Insert、Delete 操作返回行数的审计，支持数据库操作成功、失败的审计；

（2）支持数据库绑定变量审计，支持访问数据库的源主机名、源主机用户的审计；

（3）可审计 SQL 操作的客户端名称；

（4）可对 SQL 进行语法解析，分析 SQL 语句的操作类型、操作对象等信息；

（5）支持自定义审计界面，方便用户直接审计关心的事件；

（6）支持数据采集规则定义，对于不关心的数据可以不采集，有效保证系统审计的稳定性与针对性。

4. 业务关联分析

通过对浏览器与 Web 服务器、Web 服务器与数据库服务器之间所产生的 HTTP 事件、SQL 事件进行业务关联分析，管理者可以快速、方便地询到某个数据库访问是由哪个 HTTP 访问触发，定位追查到真正的访问者，从而将访问 Web 的资源账号和相关的数据库操作关联起来。事件内容包括访问者用户名、源 IP 地址、SQL 语句、业务用户 IP、业务用户主机等信息。

5. 实名审计

在网络事件审计中，仅有 IP 地址的审计，是很难将事件操作与真实的人对应起来的，能够提供一套完整的机制来实现用户实名审计，主要包括主机发现和 IP 与用户名对应。具体包括：

（1）支持内网主机扫描，可自动发现 IP 与主机对应关系；

（2）可导入 IP 与用户对应关系；

（3）支持 IP 归属地审计，可以定位事件到 IP 所在地，并提供地图展示功能；

（4）支持 PPPOE 等实名审计，可以定位审计事件到人。

6. 数据库安全

数据库审计系统可根据解析的 SQL，对用户数据库服务器进行安全判断、攻击检测。系统内置多种攻击检测场景，能有效地对攻击行为做出告警等处理；能够通过审计记录发现生产数据库一些潜在的安全威胁，比如 SQL 注入、密码猜解、执行操作系统级的命令等；同时内置了丰富的数据库入侵检测规则库，及时发现并阻止生产数据库安全威胁，保证生产数据库更加安全运行。具体包括：

（1）支持对针对数据库的 XSS 攻击行为进行审计；

（2）支持对针对数据库的 SQL 注入攻击行为进行审计；

（3）用户可自定义告警规则，针对所有审计结果的属性配置告警规则，如根据 SQL 操作类型、操作对象等自定义告警规则，规则支持与或关系、正则匹配、范围匹配、名单列表匹配等多种方式；

（4）支持数据库账号登录成功、失败的审计；

（5）支持原始数据包留存，可通过 SFTP 方式从设备中取得已记录的原始数据包。

7. 多维度统计分析

数据库审计系统提供多维度的统计分析，系统内置的统计分析引擎能从多维度统计分析业务系统与数据库系统的压力。分析 SQL 语句以及网络带宽上的性能瓶颈，为保障系统持续稳定运行打下基础，为网络扩容提供依据。具体包括：

（1）支持自定义多维度统计分析场景，用户可根据自身的业务需求，对审计结果的任意属性进行统计分析；

（2）支持统计分析的下钻与上卷；

（3）事件实时统计，查看统计结果时快速返回，操作人员无须等待；

（4）统计结果以饼图、柱图展示，可导出统计结果报表；

（5）支持自定义报表，用户可根据需求定义报表模板，生成所需报表。

8. 流量分析

数据库审计系统提供流量分析功能，产品内置 NetFlow 接收引擎，分析 NetFlow 信息，统计分析当前网络流量状况，用户可根据此功能分析网络中的应用分布以及网络带宽使用情况等。具体包括：

（1）基于流的流量分析，提供收集 NetFlow 信息的能力；

（2）可以对接口、传输协议、应用协议、应用协议组、源目的地址、源目的端口进行统计分析，可以多条件组合分析；

（3）支持流量趋势分析；

（4）支持流量分析的下钻与上卷；

（5）支持 IP 分组流量统计。

3.4.4　数据库审计特性

1. 安全可靠的职责分离用户

对数据库审计系统本身的管理，宜采用职责分离的用户管理模式，可以对不同的用户指定不同的权限。例如，数据库审计系统默认有安全管理员，具有添加用户和授权的权限，但是不具备查看审计结果信息和配置策略的权限。

2. 灵活易用的策略配置

数据库审计应提供灵活和易于操作的策略配置管理。策略配置为保护数据库安全起到了决定性的作用。

数据库审计的配置方法主要从两方面体现：

(1) 事前规则配置。所谓事前规则配置，即提前配置数据库审计实例和受保护数据库的整体规则，那么在下一次事件发生时即可受到控制。

(2) 事后规则配置。所谓事后规则配置，即当在查看数据库审计所统计到的结果信息时，如果需要调整策略，那么可以直接在查询界面，进入策略配置功能界面，对具体的对象进行规则配置。

在数据库审计中，有一些配置功能属于基础配置，是数据库审计实例生效和其他策略生效的基础，包括数据库审计实例配置和管理、受保护数据库配置和管理等。

还有一部分配置，是在数据库审计的基础配置之上进行的详细配置，包括风险登录、风险操作、漏洞工具、SQL 注入、黑名单语句等。

3. 控制和审计双模式支持

在数据库审计系统中，能够支持数据库活动审计和控制两种工作模式，不同的部署方式支持的工作模式不同。

(1) 数据库活动审计模式 (Database Activity Auditing Mode，DAA 模式)。数据库活动审计模式是入侵检测模式，所有的数据包会全部放行，能够显示策略的风险等级和“执行结果”，但不会执行阻断和中断会话策略动作。这是一种通过“旁路”方式对被保护的数据库进行监控和审计的模式。

这种模式对来自网络的数据库操作只进行很“弱”控制，支持的安全策略包括告警 (Alarm)、递送 (Asynchronism Delivery)、记录 (Audit)。

(2) 数据库活动控制模式 (Database Activity Controlling Mode，DAC 模式)。数据库活动控制模式是入侵防御模式，支持全部安全策略，这是一种通过“串联”方式对被保护的数据库进行强访问控制、监控和审计的模式。这种模式对来自网络的数据库操作进行很“强”的控制，可支持所有的数据库审计的安全策略。

4. 全面、实时、灵活的防护控制

数据库审计支持两大类共七种防护控制策略，其中审计类策略可以与审计类策略和控制类策略混合使用，共同生效，而控制类策略只能有一个生效。

（1）审计类策略。

1）递送是一种异步的处理方式，是将请求操作的 SQL 和相关信息以 Syslog 等指定方式，导出审计日志，供第三方系统处理。

2）记录是一种异步操作，可以记录各种访问信息，包括用户、对象、SQL 类别、客户端信息、响应时间、返回信息（错误号、详细错误信息）、返回记录数等。

3）告警是当发现请求存在威胁时，立即通过系统配置的“告警”方式（E-mail、Syslog、短信、SNMP Trap 等）进行告警，并将存在的威胁的 SQL 语句和相关客户端、用户的属性信息等发送并记录在告警事件表中。

（2）控制类策略。

1）阻断是当发现请求存在威胁时，直接阻断操作的连接，是一种最“安全”和“暴力”的控制模式。

2）拦截是当发现请求存在威胁时，终止本次操作，向客户端抛出异常信息。

（3）数据库用户权限的细粒度管理。数据库用户权限的细粒度管理是指数据库审计在不影响数据库用户配置的前提下，对于当前数据库用户所具有的权限提供更详细的虚拟权限控制。数据库用户如果需要访问数据库，那么就需要受到数据库审计中的访问权限限制。

数据库用户权限的细粒度管理功能，避免数据库花费大量精力对数据库用户的权限重新调整，同时避免了数据库用户权限滥用造成的数据泄露等危险。

5. 黑白名单和例外策略

数据库审计建立所有被保护数据库的活动基线，包括 DML、DDL、

DCL、SELECT 以及已存在程序的使用。

数据库审计通过学习模式以及 SQL 语法分析构建动态模型，形成白名单。此外，为了完善用户访问数据库的正常模型，还允许数据库审计管理者通过对已经识别的 SQL 信息进行操作，完善黑白名单的策略，包括将未识别 SQL 归入到黑白名单以及将黑白名单中的信息互相调换。

数据库审计允许对黑白名单配置不同的策略。对白名单只允许设置审计类策略，对黑名单可以进行全部的控制策略。当数据库审计检测到用户提出的请求和行为模型出现差异时，数据库审计将根据用户的配置进行警告或者拦截等操作。

6. 防止 SQL 注入风险规则

数据库审计在 SQL 语法解析的基础上，对 SQL 的关键域信息，采用启发式发现 SQL 注入以及 SQL 中存在的风险，来达到保护数据库的目的。

数据库审计允许用户灵活配置风险评估规则，对于每一个受保护数据库，都有一组与之对应的风险评估规则，包括规则项、行为策略以及风险等级。

数据库审计实时监控访问数据库的 SQL 信息，当有策略命中时，将采用相应风险对应的控制策略，进行行为控制。

数据库审计除了通过敏感信息对 SQL 注入进行防范外，还对通过数据库返回的错误信息进行 SQL 注入探测的攻击方式进行防御。数据库审计采用对常见错误信息返回 NoData 的方式，达到了避免通过数据库产生的错误信息进行 SQL 注入的行为。从这个方面来说，数据库审计做到了从数据库请求与数据库应答两个方向防止 SQL 注入行为的发生。

7. 虚拟修补数据库漏洞

数据库的复杂性决定了它会有诸多安全漏洞，给入侵者或非授权用户提供了可乘之机。虽然数据库厂商会定期推出修复数据库漏洞的补丁，但是由于给数据库打补丁的复杂性以及有可能造成数据库不稳定等多方面因素，大多数企业不为数据库频繁地打补丁，甚至完全不打补丁。

对于由于各种原因无法及时修复数据库漏洞的情况，数据库审计提供了虚拟补丁的功能。虚拟补丁在无须修补数据库内核漏洞的情况下，保护数据库安全。它在数据库外创建了一个安全层，从而不用打数据库补丁，也无须停止数据库服务。

虚拟补丁可以保护数据库免遭许多已知漏洞的攻击，此外还能够保护数据库免受零日攻击（如果一个漏洞被发现后当天或更准确的定义是在24小时内被恶意利用，出现对该漏洞的攻击方法或攻击行为，那么该漏洞被称为“零日漏洞”，该攻击被称为“零日攻击”）。数据库审计虚拟补丁规则库中，包含许多识别和防范“零日漏洞”的通用规则。通过寻找特定的滥用模式（例如，试图提升权限的系统软件包），可以提前关闭可能被潜在漏洞利用的常见威胁媒介。

数据库审计具有庞大的漏洞库，其中包含1430多种漏洞规则，这些漏洞规则分为22种类型，囊括MySQL、MSSQL、Oracle等多种型号数据库。

数据库审计虚拟补丁通过实时监控所有数据库活动，将捕获到的信息和虚拟补丁规则库进行对比，从而发现攻击行为。当命中规则时，数据库审计会根据用户配置策略进行控制，例如发出告警或者拦截等。

数据库审计允许用户针对不同种类的漏洞规则进行行为控制。

8. 控制大规模数据泄露和篡改

数据库审计能够针对不同的数据库用户，对于数据库中表的权限提供具体的操作权限，包括访问行数和影响行数的控制功能，以及是否允许不带WHERE查询，从而达到避免大规模数据泄露和篡改的情况。此外，对于受保护数据库允许有时间例外策略。

9. 提供与第三方系统多种接入方式

数据库审计可以通过递送方式，将记录的SQL信息通过多种方式发送给第三方系统，支持的方式有Syslog、SNMP Trap等。

10. 大数据量日志记录

由于数据库审计采用了基于SQL语法的分析和重写，只保留了SQL语句中的本质特征，对无意义的字符串或者数字等不记录，因此数据库审计能够存储大量的日志数据。

11．全面、精细、实时的审计分析和追踪

数据库审计应具有全面详细的 TraceLog（详细审计记录）和丰富的告警、跟踪事件记录，并在此基础上实现了内容丰富的、动态可跟踪的实时审计分析和追踪。

审计日志完整地记录了以下基本要素：

（1）Who？——真实的数据库账号、主机名称、操作系统账号等。

（2）What？——什么对象数据被访问了，什么操作被执行了。

（3）When？——每个事件发生的具体时间。

（4）Where？——事件的来源和目的，包括 IP 地址、MAC 地址等。

（5）How？——通过哪些应用程序或第三方工具进行的操作。

精细全面的 SQL 行为分析最关键的是数据库审计通过对捕获的 SQL 语句进行精细的 SQL 语法分析，并根据 SQL 的行为特征和关键词特征对 SQL 语句进行自动分类，从而可以轻松地将大量系统生成的不同的 SQL 语句有效地“归类”到几百个类别范围内，使对审计结果的分析更精确、更可用。

数据库审计提供了可配置的细粒度的审计规则，可以根据系统的需要，确定不同的审计策略，包括：

（1）TraceLog 的内容：SQL 语句、SQL 语句参数、执行结果（成功、失败和详细的失败原因）、被影响的记录、详细的查询结果集、事务状态、会话登录和登出信息等。

（2）审计的范围：对象、操作（上百种操作可选）、SQL 分类类型（基于数据库审计对 SQL 的分类结果进行筛选）、用户、指定的客户端（IP）、客户端工具或应用系统等。

（3）安全引擎：提供了实时的风险评估引擎、虚拟补丁保护引擎、细粒度访问控制引擎的保护结果的告警数据。

数据库审计提供了大量预定义的分析和追踪报告供不同需求的管理者使用。分析的内容包括：提供丰富精确的危害性行为分析和追踪，语句综合风险分析，违规操作风险分析，SQL 注入风险分析和追踪，DB 漏洞攻击行为分析和追踪，大规模数据泄露分析和追踪，批量数据篡改行为分析和追踪，违规登录风险，提供丰富实时的审计性行为分析和追踪，以客户端 IP 为线索分析，以 DB 用户为线索分析，以最近登录为线索分析，以应用或工具为线索分析，成功会话分析，失败登录分析，新类型 SQL（新型攻击行为）分析，失败 SQL 分析，提供准确详细的数据库 SQL 性能分析和追踪，SQL 吞吐量和平均响应时间统计，TOP SQL 分析。

3.4.5 典型应用场景

数据库审计系统支持串联部署方式，可直接将审计系统串联到业务系统网络中，便可使用审计系统。数据库审计系统支持纯透明模式部署，无须配置占用 IP 地址，并且不会改变数据包的任何信息。

3.5 用户行为审计

3.5.1 基本概念

用户行为审计专用于防止非法信息恶意传播，避免国家机密、商业信息、科研成果的泄露；并可实时监控、管理网络资源使用情况，提高整体工作效率。用户行为审计适用于需实施内容审计与行为监控、行为管理的网络环境，尤其是按等级进行计算机信息系统安全保护的相关单位或部门。

3.5.2 工作原理

（1）旁路侦听：用户行为审计系统对流经的数据并不截留而是直接转发，同时将数据镜像到内存进行分析处理，发现有违规行为再对相关数据进行截留。

（2）连线跟踪：用户行为审计系统对所有 IP 连接记录其状态变化信息，一方面增强实时监控效果，另一方面可简化同一连接数据分析处理过程，极大降低系统资源消耗，提高系统吞吐能力。

（3）协议分析和数据还原：绝大部分常见互联网应用的协议分析和信息

内容的数据还原，可以对动态端口变化的协议进行跟踪识别，自动识别通过HTTP或SOCKS代理做跳板的数据包。

（4）访问控制：基于协议分析的动态控制，可在旁路安装方式下控制所有TCP应用，在串接方式下通过NetFilter技术控制所有互联网应用。

3.5.3 基本功能

1. 网络流量识别

要控制好各种应用，首先必须准确识别。传统的安全设备通过IP或者端口封堵各种协议，但这只能局限于网络层和传输层的标准协议，如HTTP、FTP等。P2P、网络游戏、网络电视等一系列应用都是通过协商动态产生的端口，不再是固定的端口，而且诸如电驴、Skype等协议还是加密的，面对这种应用传统的设备完全无能为力。

用户行为审计设备以深度包检测（Deep Packet Inspect，DPI）技术为核心，结合基于报文内容及行为特征的技术，实现网络中应用的自动识别和智能分类。用户行为审计设备可以探测和跟踪动态端口分配，通过比对协议的特征库，能够识别变动端口的流量，并能够对使用同一端口的不同协议进行自动识别。

2. 带宽资源管理

通过专业的带宽管理和分配算法，用户行为审计设备提供流量优先级、最大带宽限制、保障带宽、预留带宽以及随机公平队列等一系列的应用优化和带宽管理控制功能。

（1）流量优先级的划分。用户行为审计设备可基于业务应用的优先级，将业务应用划分为高、中、低共三个优先级。优先级越高的流量，优先传送。在实现流量控制时，可将核心业务应用、时延要求高的应用以及重要人物的流量配置为高优先级，同时将P2P、网络电视、Web视频等非核心的、占用带宽资源较高的应用配置为低优先级，从而可以实现在带宽资源紧张时，优先保证高优先级应用的传送，而在带宽资源使用宽松时，各级应用都可以正常使用。

（2）带宽管理功能。用户行为审计设备通过 DPI 为核心的深度包检测技术，结合各种应用的行为特点，能够精确到对每个会话的数据包的检测和控制。同时结合流量优先级、随机公平队列等，提供了最大带宽限制、保障带宽、预留带宽等一系列强大的带宽审计功能。

用户行为审计设备支持源会话数、目的会话数，上行、下行，以及双向总带宽的管理与控制。管理员可以基于线路、流量优先级、源 IP 地址（地址组、用户组或用户组）、目标 IP 地址（地址、地址组）、时间、会话、协议和应用等参数对网络流量进行划分，并确定如何有效且合理地实现带宽的管理与控制，从而实现灵活的带宽控制和应用优化目的。

3. 基于时间的管理

用户行为审计设备支持自定义时间对象，实现针对时间段进行带宽分配和用户行为的管理。比如，上班时间要对关键业务和重要人员的带宽进行保障，对 P2P 等非关键业务进行严格控制；下班时间可以对 P2P、网络电视等业务给予适当宽松的流量。再比如，上班时间不允许员工浏览与工作无关的网页，不允许某些员工使用 IM 软件等。时间对象可以根据需要灵活选择。

4. 用户行为管理

门户网站、社区论坛、交友网站、博客、个人网页，网络上五花八门、包罗万象的网页吸引着网民的眼球，诱惑网民拿起鼠标去体验网络世界的乐趣。在企业里，很多员工利用上班时间泡论坛、炒股、玩游戏、收发私人邮件、聊天等，影响了工作氛围，降低了工作效率，浪费了企业资源，这是所有企业管理者都不希望发生的。

（1）网页过滤。Web 是互联网上内容最丰富、访问量最大的应用，然而许多网页充斥着反动、暴力、色情以及其他不健康的信息。此外，大量网络应用，如 P2P、IM、网络电视、游戏等，也借助 HTTP 协议或者 80 端口，透过防火墙的封堵，抢占网络带宽，携带病毒、恶意软件，为内网用户带来安全风险。用户行为审计设备通过灵活的策略设置，对违反国家法律、危害社会、影响企业发展的内容进行过滤，避免用户有意无意访问包含非法内容的网页，净化网络，降低企业法律风险，提高员工工作效率，创造文明健康的上网环境。

（2）邮件过滤。为防止机密信息泄露，用户行为审计设备可以对SMTP、POP3、Web Mail等进行监控审计，能够对用户收发邮件的时间、标题、内容以及附件等元素进行过滤和完整的内容记录，避免企业、机关敏感信息泄露。

（3）即时通信管理。即时通信工具因其沟通的便利性、即时性，如今几乎成为人手必备的工具。但由于即时通信工具自身偏重娱乐性，在企业应用中，缺乏自律的员工往往将其作为上班期间的私人聊天工具。员工对即时通信工具的滥用已经成为影响效率乃至运营成本的极大隐患。

不仅如此，因为缺乏有效的管理机制与安全保障，由即时通信工具引发的企业机密信息流失、被盗取和滥用的情况屡见不鲜，已经对企业信息安全构成严重威胁。

此外，近年来通过即时通信工具传播的病毒、蠕虫、间谍软件以及混合攻击层出不穷，如某些蠕虫病毒通过即时通信软件，向用户的"联系人"发送恶意代码以获取用户信息。

针对以上问题，一些管理员试图通过关闭防火墙上即时通信流量的端口来禁止，使通信应用能够通过智能检测机制自动转到其他端口，例如80、443。用户行为审计设备以DPI技术为核心，结合行为分析技术，准确识别各种即时通信软件。用户行为审计设备对即时通信软件提出了如下解决方案：

1）阻断。对于在工作时间不需要和外部频繁交流的某些部门，可以阻断他们对即时通信工具的使用，或者限制其使用即时通信软件的部分功能，比如只允许使用文字聊天，不允许语音聊天或者传输文件。

2）监控。对于必须使用即时通信工具作为工作手段的部门和员工，一方面，企业领导者希望员工可以利用即时通信工具进行更有效的商务活动，另一方面，通过即时通信工具泄露组织机密的行为也是不愿意让其发生的。因此，对于普通人群，可以通过用户行为审计设备允许其使用即时通信工具，但对其使用过程和内容进行监控和记录。

对即时通信的行为记录和聊天内容的监督，让员工有所警惕，达到间接控制员工的不规范行为的目的。

5. 黑名单控制

防止网络资源的滥用和方便管理员管理用户，用户行为审计设备支持将用户加入黑名单的功能。对进入黑名单的用户可以采取惩罚机制，惩罚期限到了之后，该用户又可以正常使用网络。用户一旦进入黑名单，当再次上网时，网页会弹出已经进入黑名单、是什么原因进入黑名单的。灵活的黑名单功能可以帮助管理员快速、准确地定位出谁肆意占有网络资源。

6. 白名单管理

加入白名单管理的用户，可以根据白名单用户的需求，配置用户行为策略，符合白名单规则的流量，将不受“防火墙规则、流控规则、认证策略规则、上网策略对象规则、黑名单规则”的控制；同时上网的流量和用户行为的内容（如发送的邮件、发送的帖子、访问的网页、即时通信记录等）将全部不记录。

3.5.4 基本特性

1. 多业务高性能

用户行为审计采用先进的多核架构，协议特征库树形存储、流扫描处理等领先的DPI技术，以及零拷贝并行流处理等高效的防攻击技术；另外建议采用具有自主知识产权的安全操作系统。整个解析过程一次拆包，保证开启多项行为审计功能后依然保证高速度、低时延的行为管控。

2. 最精细的带宽管理

用户行为审计采用智能流控、智能阻断、智能路由、智能DNS等智能技术，将网络出口带宽划分为逻辑通道，并支持在通道中再划分子通道，最大程度上进行带宽限制和带宽保障。同时支持将类型复杂的网络流量分布到不同的网络出口转发，并提供优于传统QoS技术的阻断和丢包方案，是企业提升带宽利用率、保护带宽投资的最佳利器。

3. 清晰的事后审计

用户行为审计支持详细、清晰、易用的日志特性，可以收集用户上网行为、使用流量、使用应用等用户信息和设备系统参数，攻击防护、病毒防护等设备信息供审计；日志支持定制化过滤器，可根据 IP 地址、认证用户、访问应用、访问 URL、发帖内容等要素进行搜索，让事后审计省时省力。同时，用户行为审计上网行为管理产品提供丰富美观的报表，以柱状图、饼状图、百分比等形式直观地体现网络运行状况，让下一步的网络规划有据可循、有的放矢。

4. 直观的可视化管理

IPSEC 等类型的加密 VPN 设计的初衷是为了避免数据在互联网上传输被恶意窥探和窃取，但 VPN 部署后，流量对于内网用户变得同样不可控制，让 VPN 成了网络的“死角”。将用户行为审计上网行为管理部署在 VPN 网关之后，即可进行对普通流量和 VPN 流量的流量控制和流量审计等可视化管理，让 VPN 不再是网络的“死角”，让 IT 管理更直观、更便捷。

5. 细致的社交网络管理

用户行为审计支持对新浪微博、腾讯微博等社交网络的细致管理，可以在保留用户浏览权限的同时，禁止关注、私信、转发、发布等行为，并可依据关键字进行内容过滤和审计，有效控制反动、敏感言论通过社交网络的形式传播，降低舆论风险。

6. 六维一体化安全策略

用户行为审计的安全策略集成防攻击、防病毒、WAF、应用控制、带宽控制、身份认证六个管理维度，管理者可以根据不同的管控需求，为不同的用户定制不同的管理策略。

7. 组网方式灵活

用户行为审计支持 MCE、IPSEC、802.1Q、GRE、VRRP 等网络特性，并支持在线或 IDS 旁路方式部署，支持路由模式、透明模式和混合模式，可在任意复杂的网络环境中灵活组网。

8. 便捷的管理方式

用户行为审计上网行为管理产品支持本地管理和集中管理两种管理方式。当单台或小规模部署时，可通过本地命令行或者内置的 Web 界面进行图形化管理；在大规模部署时，可通过集中管理系统对分布部署的用户行为审计进行统一的配置策略下发、攻击事件监控和攻击事件分析。

3.5.5 典型应用场景

用户行为管理设备可采用旁路或串接方式接入网络，支持网桥模式、路由模式和旁路模式。

1. 旁路模式

以旁路方式接入网络，如图 3-10 所示，可对网络的流量进行全面的监控和记录，无须改动用户网络结构和配置。

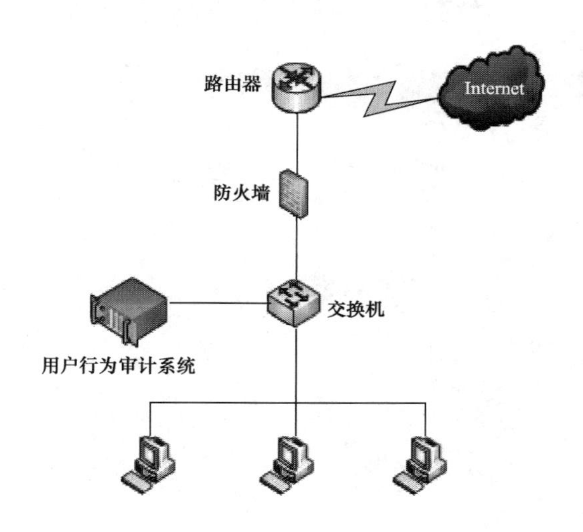

图 3-10 旁路模式

2. 网桥模式

以透明网桥方式接入网络，如图 3-11 所示，可以部署到网络的网关位置或各部门的出口位置。无须改动用户网络结构和配置，即插即用，支持单网桥、多网桥的部署方式。

3. 路由模式

以路由模式接入网络，如图 3-12 所示，将设备串接在网络中，可以放于内网的任意子网边界，或与核心交换机相连；可以代替防火墙或路由器，需要为设备配置内网和外网接口的 IP 地址。

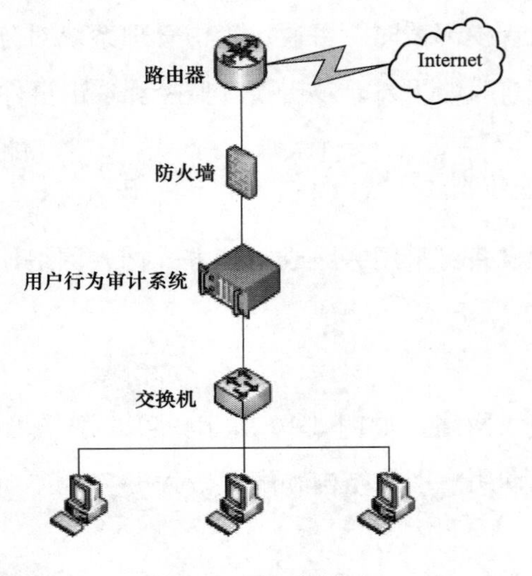

图 3-11 网桥模式

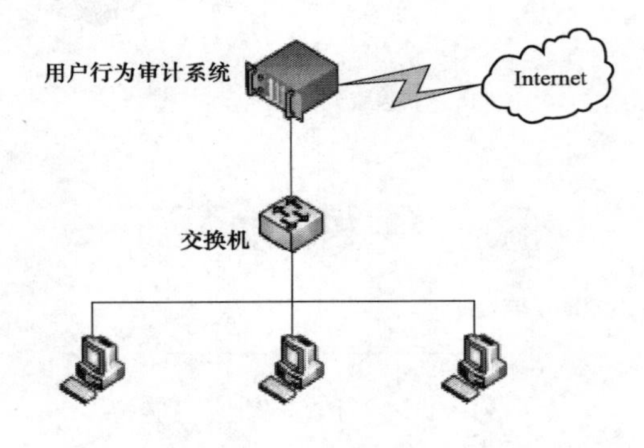

图 3-12 路由模式

3.6 流量监测技术

3.6.1 基本概念

网络流量是记录和发现网络用户活动的重要载体，网络管理员通过对网络流量的统计和分析，了解和掌握网络的使用状况；通过观察网络中各种流量的特征及相应的用户行为等，及时开发新的协议与应用网络服务提供商，也可以据此预测网络业务的发展趋势，合理地规划网络，使用户得到更好的上网体验。同时，通过定期对网络中一些重要的特定流量进行分析，了解网络中的流量流向信息，及时发现设备故障、链路拥塞、用户带宽的使用状况，还可以发现、遏制病毒传播，为维护和扩充网络做好准备。从各方面而言，高效、准确、实时地监测网络流量对分析网络发展趋势、合理规划网络、提供服务质量保证、营造安全的网络环境等都具有十分重要的意义。

3.6.2 技术原理

从网络流量监控的功能和业务逻辑的角度出发，网络流量监测的体系结构分为数据采集、数据管理、数据分析和数据展现四部分。数据采集是网络流量监测的基础部分，数据采集分为被动采集和主动采集两种方式。数据管理的目的在于将采集到的数据去除冗余数据，从而减少数据分析的计算量，提高结果的准确性，节省数据库存储空间。数据分析以数据采集后予以处理的数据为基础，分析得出表征网络整体性能的数据。数据展现是将检测分析结果通过直观的形式呈现给网络监测系统的使用者。下面介绍目前较为成熟的常用的四种流量监测技术。

1. 基于硬件探针的监测技术

硬件探针是一种用来获取网络流量的硬件设备，使用时将它串接在需要捕捉流量的链路中，通过分流链路上的数字信号而获取流量信息。一个硬件探针监测一个子网（通常是一条链路）的流量信息。对于全网流量的监测需要采用分布式方案，在每条链路部署一个探针，再通过后台服务器和数据库，收集所有探针的数据，做全网的流量分析和长期报告。与其他的三种流量监测技术相比，该技术的突出特点是能够提供丰富的从物理层到应用层的详细信息。但是基于硬件探针的监测技术受限于探针的接口速率，一般只针对1000Mbit/s以下速率的网络。

2. 基于流量镜像协议分析技术

流量镜像（在线TAP）协议分析技术是将网络设备的某个端口（链路）流量镜像给协议分析仪，通过7层协议解码对网络流量进行监测。与其他三种流量监测技术相比，该技术是网络测试的基本手段，特别适合网络故障分析。流量镜像（在线 TAP）协议分析技术只针对单条链路，不适合全网监测。

3. 基于 SNMP 的流量监测技术

基于 SNMP 的流量监测技术，实质上是测试仪表通过提取网络设备 Agent 提供的 MIB（管理对象信息库），从中收集一些具体设备及流量信息有关的变量。基于 SNMP 收集的网络流量信息包括输入字节数、输入非广播包数、输入广播包数、输入包丢弃数、输入包错误数、输入未知协议包数、输出字节数、输出非广播包数、输出广播包数、输出包丢弃数、输出包错误数、输出队长等。基于 SNMP 的流量监测技术受到设备厂家的广泛支持，使用方便。其缺点是信息不够丰富和准确，分析集中在网络的二、三层的信息。基于 SNMP 的流量监测技术通常被集成在其他的三种流量监测技术中，如果单纯采用 SNMP 做长期的、大型的网络流量监控，在测试仪表的基础上，需要使用后台数据库。

4. 基于实时抓包分析的流量监测技术

基于实时抓包分析的流量监测技术，可以灵活选择各层通信的数据进行分析。其使用抓包软件，如 Sniffer、TCPDump、Ethereal 等，对网络中产生的网络数据包进行实时抓取，通过系统的驱动层对网络协议栈中数据进行复制，从而实现对数据包的监测。

3.6.3 典型应用案例

1. 流量统计分析

对监测到的数据流量进行统计分析。统计分析内容包括全网数据的流量总和，可按最高、最低、平均流量进行分析，或按历史流量、IP 流量、非 IP 流量等进行分析，并且以实时动态的饼图或柱状图或趋势图形式进行展现，还可按网络广播、多播、单播和总数据包的形式进行分析。

对流量统计分析的具体内容包括两个通信设备使用什么协议，在什么端口通信，发起和结束会话的时间点，在这一时间内传输的数据流量大小；最近 24h 内所有主机或设备数据流量总和；最近 1h 活跃主机通信的起始时间、发送和接收数据包的总和、发送和接收的数据流量等详细信息。通过翔实的流量分析结果、多样的分析形式、实时动态的展示方式，有效地帮助用户对整个网络的运行状态进行准确把握。

2. 异常流量分析

帮助用户制定主机策略和应用策略，实现网络异常流量的自定义，并对其进行分析。用户可将网络对象分成“关注主机”“嫌疑主机”“追踪主机”“可信主机”进行区别处理；对网络行为实施细致的流量及连接策略、数据库策略、端口及关键字策略以及专门针对“嫌疑主机”的追踪策略。通过策略实施，对应用系统的数据流量累计和、流量阶跃、连接数、访问数、连接时间等进行分析，同时对 Oracle、MySQL、SQL Server、Sybase 等多种数据库的 Select、Update、Drop、Insert 以及自定义操作进行分析，对特定应用端口设置关键字策略。

3. 报警与追踪取证

通过用户异常流量自定义策略，系统可对异常流量的访问进行密切监测，能对实时触发策略流量的事件提供控制台、短信、邮件等多种报警方式。灵活多样的报警策略、详细的报警信息、多种实用的报警方式，可帮助用户及时发现网络异常情况，快速处理网络故障。

根据流量监控或报警信息，发现“嫌疑主机”后，用户可将该“主机”设置为“追踪主机”，通过对“追踪主机”设置追踪策略，追踪类型有 Web 访问、文件传输、邮件发送接收、数据库操作等多种形式。通过对“追踪主机”上述应用行为进行实时监控，可详细记录“追踪主机”访问某个应用服务器的具体时间和具体服务类型。追踪取证这一功能，可有效帮助用户解决“谁动了我的设备”，做了什么操作的问题，为管理员进一步解决网络故障提供了有力的佐证。

4. 统计报表

系统可对系统信息、用户信息、主机信息、异常报警信息、流量信息、策略信息等进行报表统计。

各种报表按照统计周期的不同，可以分为年报表、月报表、周报表、日报表。每类报表都包含多种报表模板，这些模板基本可以满足用户的全部需求。在生成报表之前，允许用户从界面选择一些报表条件，如时间范围、统计周期、报表类型等，选定好条件之后就可以生成报表。在流量分析页面中可以选择特定监控对象和时间范围，然后把查询结果输出 HTML、Excel 等格式的文档。

详细的统计信息、丰富的报表功能可帮助用户进行数据分析和挖掘，帮助用户进行流量趋势的把握，完成网络规划和优化的工作。

3.7 恶意代码防护技术

3.7.1 基本概念

在 Internet 安全事件中，恶意代码造成的经济损失占有最大的比例。恶意代码主要包括计算机病毒（Virus）、蠕虫（Worm）、木马程序（Trojan Horse）、后门程序（Backdoor）、逻辑炸弹（Logic Bomb）等。与此同时，恶意代码成为信息战、网络战的重要手段。日益严重的恶意代码问题，不仅使企业及用户蒙受了巨大经济损失，而且使国家的安全面临着严重威胁。恶意代码攻击成为信息战、网络战最重要的入侵手段之一。恶意代码问题已成为信息安全需要解决的、迫在眉睫的、刻不容缓的问题。

3.7.2 分类及表现形式

1. 恶意代码的分类

按照恶意代码的运行特点，可以将其分为两类，即需要宿主的程序和独立运行的程序。前者实际上是程序片段，不能脱离某些特定的应用程序或系统环境而独立存在；而独立程序是完整的程序，操作系统能够调度和运行它们。按照恶意代码的传播特点，还可以将恶意程序分成不能自我复制和能够自我复制的两类。不能自我复制的是程序片段，当调用主程序完成特定功能时，就会激活它们；能够自我复制的可能是程序片段（如病毒），也可能是一个独立的程序（如蠕虫）。

2. 恶意代码的表现形式

（1）网页病毒类恶意代码。网页病毒类恶意代码，顾名思义就是利用软件或系统操作平台的安全漏洞，通过嵌入在网页上 HTML 标记语言内的 Java Applet 应用程序、JavaScript 脚本程序、ActiveX 网络交互支持自动执行，强行修改用户注册表及系统配置，或非法控制用户系统资源、盗取用户文件、恶意删除文件，甚至格式化硬盘的非法恶意程序。

（2）脚本类恶意代码。脚本实际上就是程序，一般都是由应用程序提供的编辑语言。应用程序包括 Java Script、VBScript、应用程序的宏和操作系统的批处理语言等。脚本在每一种应用程序中所起的作用都是不相同的，比如在网页中可实现各种动态效果，在 Office 中通常是以“宏”来执行一系列命令和指令，可以实现任务执行的自动化，以提供效率，或者制造宏病毒。

（3）漏洞攻击类代码。利用软件或者操作系统的漏洞而编写的程序，对用户系统或者网络服务器进行攻击。例如，黑客利用微软 IE 浏览器漏洞，编写漏洞攻击代码对用户进行攻击。

3.7.3 恶意代码防范方法

恶意代码防范是系统安全防护工作的重要部分。恶意代码防范，是指通过建立合理的病毒防范体系和制度，及时发现计算机病毒侵入，并采取有效的手段阻止计算机病毒的传播和破坏，从计算机中清除病毒代码，恢复受影响的计算机系统和数据。恶意代码的检测技术包括特征码扫描，虚拟机检测，启发式扫描，完整性控制，主动防御等。恶意代码防范主要涉及信息系统的网络、主机和应用三个层面。

1. 恶意代码检测方法

（1）静态分析方法。静态分析方法是指在不执行二进制程序的条件下进行分析的方法，如反汇编分析、源代码分析、二进制统计分析、反编译等，属于逆向工程分析方法。

1）静态反汇编分析。静态反汇编分析是指分析人员借助调试器来对恶意代码样本进行反汇编出来的程序清单上根据汇编指令码和提示信息着手分析。

2）静态源代码分析。静态源代码分析是指在拥有二进制程序的源代码的前提下，通过分析源代码来理解程序的功能、流程、逻辑判定以及程序的企图等。

3）反编译分析。反编译分析是指经过优化的机器代码恢复到源代码形式，再对源代码进行程序执行流程的分析。

（2）动态分析方法。动态分析方法是指恶意代码执行的情况下利用程序调试工具对恶意代码实施跟踪和观察，确定恶意代码的工作过程对静态分析结果进行验证。

1）系统调用行为分析方法。正常行为分析常被应用于异常检测之中，是指对程序的正常行为轮廓进行分析和表示，为程序建立一个安全行为库，当被监测程序的实际行为与其安全行为库中的正常行为不一致或存在一定差异时，即认为该程序中有一个异常行为，存在潜在的恶意性。

恶意行为分析则常被误用检测所采用，是通过对恶意程序的危害行为或攻击行为进行分析，从中抽取程序的恶意行为特征，以此来表示程序的恶意性。

2）启发式扫描技术。启发式扫描技术是为了弥补被广泛应用的特征码扫描技术的局限性而提出来的，其中启发式是指“自我发现能力或运用某种方式或方法去判定事物的知识和技能”。

2. 网络恶意代码防范

绝大多数的恶意代码是从网络上感染本地主机的，因此网络边界防范是整个防范工作的重点，是整个防范工作的“第一道门槛”。如果恶意代码进入内网，将直接威胁内网主机及应用程序的安全。防范控制点设在网络边界处。防范需对所有的数据包进行拆包检查，这样会影响网络数据传输效率，故其要求的实施条件比较高。

3. 主机恶意代码防范

主机恶意代码防范在防范要求中占据着基础地位。一方面是因为网络防范的实施条件要求较高；另一方面是因为网络边界防护并不是万能的，无法检测所有的恶意代码。系统都必须在本地主机进行恶意代码防范。

主机恶意代码防范有以下三条要求：①应安装防恶意代码软件，并及时更新防恶意代码软件版本和恶意代码库；②主机防恶意代码产品应具有与网络防恶意代码产品不同的恶意代码库；③应支持防恶意代码软件的统一管理。

4. 应用程序的恶意代码防范

应用程序的恶意代码防范要求在应用程序使用前先对应用程序进行漏洞检测、黑白盒测试等，确保应用程序中不存在可被恶意代码利用的漏洞，不存在编程人员插入的恶意代码或留下的后门。

3.7.4　恶意代码防范要点

要做好恶意代码的防范工作，需要从系统的全局角度出发，并做好与等级保护安全测评工作中具体测评标准的对接。根据实际工作经验，应注意以下四个工作要点。

1. 风险评估应全面考虑系统的脆弱性和风险性

风险评估应全面衡量信息系统在应用和数据方面的脆弱性，预估这些脆弱性衍生出安全风险的概率，然后结合系统已部署的安全措施对风险的影响进行全面分析。

2. 注重全网防护，防止安全短板

对系统的恶意代码防护部署要做到多层次、多角度，确保在所有恶意代码入口对恶意代码进行检测、阻止、清除。因此，在部署恶意代码防范系统时要做到覆盖全部终端和网络边界，防止由于 ARP 或冲击波这样的恶意代码感染系统内部分主机而导致整个网络不可用。

3. 在全网范围内部署统一的安全管理策略

在网络安全等级保护测评（简称等保）中，低级别安全域的威胁可能会影响到高级别安全域。为避免出现这种风险，可以在逻辑隔离区边界配置访问控制策略，限制通过网络对高级别安全域的访问；还可以将网内不同级别安全域的配置统一为最高级别安全域的恶意代码防范要求，防止低级别安全域中因防范策略过低感染恶意代码后对基础架构造成威胁。

4. 应注重对网络安全状况的监控和多种保护能力的协作

这主要是从管理和运维的角度对信息系统的分级防护提出要求。一方面要求人员能随时监控系统安全状况，了解本网内信息系统发恶意代码入侵事件，做到风险可视、行为可控；另一方面要求应具备对系统安全隐患进行预警、排除，对紧急情况进行应急处理的能力。

3.7.5 电力行业恶意代码检测

迄今为止，电力行业恶意代码的防范技术大致具有两种类型，即恶意代码的事前预防、恶意代码的事后清除。

1. 恶意代码的事前预防

注册表、邮件收发软件、浏览器是当前恶意代码攻击的主要途径，因此通过对这些软件进行有效设置，能够实现防患于未然。

(1) 浏览器的设置。通过对浏览器进行合理设置，能够对 Java Applet、ActiveX 控件的运行进行有效控制，同时能够对脚本的运行进行有效禁止。以 IE6.0 为例，具体设置步骤为：

1) 选择“[Internet] 工具选项”；

2) 选定“安全”选项卡；

3) 选定某一个安全区域；

4) 选定“自定义级别”按钮，出现“安全设置”对话框；

5) 在“安全设置”对话框中科学设置 Java Applet、ActiveX 控件、脚本的行为，例如：对于“下载已签名的 ActiveX 控件”，设置为“禁用”。

IE 内的安全区域、Outlook 的安全性、Outlook Express 的安全性三者之间的关系是非常密切的，一般来说，为对全部脚本的运行进行有效阻止，常常会将以上三个部分的安全区域，设定为“受限制的站点”。

(2) 注册表的锁定。只有对注册表进行有效修改，才能够重新激活恶意代码。所以，可以对注册表进行锁定，对注册表的修改功能进行禁止，要想打开注册表，必须要对有关合法软件进行安装。以 Win2000 为例，注册表锁定的具体步骤为以下两点：

1）运行 Regedit. exe，然后进入注册表；

2）“DisableRegistry-Tools”是 DWORD 类型的键值名，将它的键值设置为 1，然后加入以下程序中，即：

"HKEY_CURRENT_USER\sofware\Microsoft\windows\CurrentVersion\Polices\System"

注册表解锁的具体步骤为：

1）利用记事本，对 reg 文件的名称进行任意编辑，输入以下行内容：

Windows Registry Editor Version 5. 00

[HKEY_CURRENT_USER\sofware\Microsoft\windows\Current Version\Polices\System]

Disable Re gistryToolsn = dword：00000000

2）对上述文件进行双击，在注册表中自动导入这些文件。

（3）防护软件的安装。和传统意义中的病毒相比，尽管恶意代码和其是完全不一样的，现有的杀毒软件并不能对其起到较大的查杀作用，不过一些比较著名的杀毒软件，能够在一定程度上防范恶意代码。

（4）软件打补丁升级。对于一些不良网站，应尽量不要对其进行访问，同时应对一些软件进行及时打补丁升级。

2. 恶意代码的事后清除

针对各种恶意代码，应采用不同的清除方法。

（1）利用手工方式。对顽固的恶意代码进行事后清除。顽固的恶意代码一般采用某种方式，如 Java Applet、ActiveX 等，对用户系统进行入侵，对注册表进行有效修改，以便在用户系统中进行长时间入驻。要想对恶意代码进行有效清除，可以运用对注册表进行修改的方式。

（2）利用软件工具。对恶意代码进行查杀、清除。例如，3721 上网助手软件具有多种功能，包括对恶意网站进行屏蔽，对被锁定的注册表进行打开，对被篡改的 IE 浏览器进行恢复，对恶意代码进行查杀等。3721 上网助手软件是一种非常好用的上网辅助工具。

3. 恶意代码防护的建议

目前，我国现有的电力行业恶意代码防护技术还是不够完善的，仍然存在较多的问题和缺陷。尽管对 Java Applet、ActiveX 控件、脚本进行禁用，能够对恶意代码的攻击进行有效预防，不过上网功能却会遭受影响和约束。尽管对注册表进行手工修复，能够对恶意代码进行清除，但这些操作技巧是非常复杂的，不是任何人都能掌握的。当前已有的部分恶意代码防护软件均具有一样的问题，轻视恶意代码的预防，过于重视恶意代码的清除，导致用户始终处于被动状态之中，特别是对于顽固的恶意代码，没有必要对其进行彻底清除。因此，电力行业的恶意代码防护应从以下三个方面进行设计和研发。

(1) 对浏览器进行扼守。在浏览器执行脚本代码以前，将现有特征码作为依据，以进行有效匹配，对恶意代码进行捕捉，并建立恶意脚本代码特征库。

(2) 对注册表进行有效监控。针对网页脚本对注册表的修改，应对其进行阻止，同时应对 Java Applet 对注册表的读写行为和 ActiveX 控件进行及时跟踪，一旦发现部分敏感内容被修改，则判定存在恶意代码，且将其列入黑名单中。如果一些读写行为不能进行精准确定，则应警告用户，促使用户参加到判断活动中。

(3) 对文件系统、Cookie 进行保护。警告或者阻止一些行为，如系统目录下对文件的删除行为、对 Java Applet 访问 Cookie 信息行为等。Java Applet、ActiveX 控件是系统清除的主要对象，因为已实时跟踪，所以可以根据具体记录内容，进行有效修复。

3.8 系统安全加固

3.8.1 基本概念

1. 安全加固概述

随着互联网应用的纵深演进，网络安全的概念已经不仅仅限于单一的安全产品和技术，而是涉及企业和组织范围内网络体系各个层面的动态防护与安全管理。通过安全加固能够修补系统中的安全漏洞，同时也优化配置，加强网络体系的安全性。安全加固是对信息系统中的主机系统与网络设备的脆弱性进行分析并修补，且更强调针对主机和系统的安全保护加强。安全加固通常建立在安全风险评估的结果基础之上，对评估对象进行安全加固。

2. 安全加固目标

安全加固的目标是解决在安全评估中发现的技术性安全问题。这对于安全保护来说，是非常必要的。要求在安全加固完全成后，所有被加固的目标系统不再存在中高风险漏洞（中高风险漏洞，根据CVE标准定义）。对相关的漏洞安全加固与现有应用存在冲突或已被证实会导致不良后果的情况除外。

3. 安全加固原则

（1）基本原则。安全加固内容不能影响目标系统所承载的业务运行，不能严重影响目标系统的自身性能，不能影响与目标系统以及与之相连的其他系统的安全性。

（2）标准性原则。加固方案的设计与实施应依据国内或国际的相关标准进行。

（3）规范性原则。安全加固项目应形成规范性文档，包括项目计划、工作确认单、阶段工作完成单、安全加固服务报告、灾难恢复计划。

（4）可控性原则。安全加固的方法和过程要在客户认可的范围之内，加固服务的实际进度与进度表安排一致，保证客户对于加固工作的可控性。

（5）整体性原则。安全加固的范围和内容应当整体全面，包括安全涉及的各个层面，以免由于遗漏造成未来的安全隐患。

（6）最小影响原则。安全加固应尽可能小地影响系统和网络的正常运行，不能对正在运行的业务和业务的正常服务提供产生显著不利影响。

（7）保密原则。安全加固的过程数据和结果数据应严格保密。

3.8.2　工作内容

系统安全加固一般分为前期工作准备、加固方案制定、加固方案审核、系统备份、加固实施与优化、加固效果检验、生成加固报告等部分。安全加固的过程中应严格遵守各项基本要求。

1. 前期工作准备

首先，应该成立由业务系统运维人员、网络运维人员、安全专责、部门领导等组成的项目组，同时确认加固的范围、对象、内容、开工条件、技术资料、人员配合、场地环境等条件是否符合要求。然后，进行报告收集，收集前期安全评估输出的漏扫、渗透、基线检查等报告，收集安全运维中输出的相关报告，为方案细化做前期准备。

2. 加固方案制定

阅读前期漏扫、渗透、基线检查、漏洞通报报告，从而细化加固的目标和现有系统的安全状况，其主要包括被加固设备信息、系统情况、操作系统类型、应用需求、应用类型与种类以及权限（文件、网络等）环境情况、设备的运行环境及其他应用联系。根据收集的信息制定合理的加固方案，包括时间安排、流程、操作方法等。

为防止加固可能引起的不良后果，需要制定回退方案和应急方案。回退方案用于加固导致系统不可用时将系统回退到加固前的状态，应急方案用于处理其他不可控的情况（包括加固失败后无法回退）。

3. 加固方案审核

由用户的安全负责人、网络负责人和业务负责人一起对提交的加固方案进行审核，确认其可行性。

4. 系统备份

对于重要的系统，为了能够在加固失败的情况下快速回退或恢复系统，必须在事前进行相应的备份，包括且不仅限于重要系统、重要配置、重要数据的备份。

5. 加固实施与优化

加固实施与优化的流程主要由以下四个环节构成，即状态调查、制定加固方案、实施加固、生成加固报告。

6. 加固效果检验

为确保加固有效，在加固全部完成后，将对加固效果进行检验，检验的方法如下：加固后对所有被加固设备进行一次扫描；对重点设备进行抽样检查；对加固日志和扫描结果进行分析；提交残余风险报告。

7. 加固报告生成

加固报告是向用户提供完成系统加固和优化服务后的最终报告。其中包含加固过程的完整记录，有关系统安全管理方面的建议或解决方案，对加固系统安全审计结果，同时，梳理被加固服务器安全基线情况，完善服务器安全基线核查结构报告。

3.8.3 典型应用场景

Windows 操作系统由于其简单明了的图形界面以及逐渐提高的系统稳定性和性能而成为使用广泛的网络操作系统，在网络中占有重要地位。但是，目前使用的 Windows 系统中存在大量已知和未知的漏洞，微软公司（包括一些国际上的安全组织）已经发布了大量的安全漏洞，其中一些漏洞可以导致入侵者获得管理员的权限，而另一些漏洞则可以被用来实施拒绝服务攻击，对网络和信息的安全构成巨大的威胁。

目前 Windows 操作系统面临的安全威胁包括：没有安装最新的 Service Pack，没有关闭不必要的系统服务、系统注册表属性、文件系统属性，存在缺省账号、文件共享以及其他方面的安全问题。因此，在一个未加保护的 Windows 系统上运行企业的核心业务会存在相当大的风险。

1. 安装补丁

首先在“开始/程序/附件/系统工具/系统信息”窗口的“系统摘要”项查看系统类型、版本、Service Pack 安装情况，也可以通过微软提供的 Windows Update 工具或者 360 安全卫士来检查现有系统的补丁安装情况。建议访问 http：// www. microsoft. com 安装最新的 Service Pack 和 Hotfix。

补丁安装完成后，可执行如下工具和命令检查补丁安装成功与否：F:\PsTools>psinfo-h。

2. 应用软件的优化

（1）删除IIS默认文件和目录以及其他不需要的文件和目录：

IIS c:\inetpub\iissamples

AdminScripts c:\inetpub\scripts

AdminSamples\%systemroot%\system32\inetsrv\adminsamples

IISADMPWD\%systemroot%\system32\inetsrv\iisadmpwd

IISADMIN%systemroot%\system32\inetsrv\iisadmin

Dataaccess c:\ProgramFiles\CommonFiles\System\msadc\Samples

MSADC c:\programfiles\commonfiles\system\msadc

（2）删除不必要的IIS扩展名映射：

从“Internet服务管理器”中选择计算机名，点击鼠标右键，选择属性，然后选择编辑，选择主目录，单击配置，选择需要删除的扩展名，单击删除。

3. 安全配置

（1）禁止如下的服务：

Alerter(disable)

ClipBookServer(disable)

ComputerBrowser(disable)

DHCPClient(disable)

DirectoryReplicator(disable)

FTPpublishingservice(disable)

LicenseLoggingService(disable)

Messenger(disable)

Netlogon(disable)

NetworkDDE(disable)

NetworkDDEDSDM(disable)

NetworkMonitor(disable)

PlugandPlay(disable after all hardware configuration)

RemoteAccessServer(disable)

RemoteProcedureCall(RPC)locater(disable)

Schedule(disable)

Server(disable)

SimpleServices(disable)

Spooler(disable)

TCP/IPNetbiosHelper(disable)

TelephoneService(disable)

(2) 在必要时禁止如下服务：

SNMPservice(optional)

SNMPtrap(optional)

UPS(optional)

(3) 设置如下服务为自动启动：

Eventlog(required)

NTLMSecurityProvider(required)

RPCservice(required)

WWW(required)

Workstation(leaveserviceon:willbedisabledlaterinthedocument)

MSDTC(required)

ProtectedStorage(required)

另外，还需要进行防火墙设置、过滤不常用端口以及进行账号安全设置。

4. 安全辅助工具

在做设备加固的同时，可采用一些工具来辅助，常用的工具有 SolarWinds、Cain、360 安全卫士。

5. Linux 系统安全加固

Linux 系统由于其出色的性能和稳定性、开放源代码的灵活性和可扩展性以及较低廉的成本，而受到计算机工业界的广泛关注和应用，其系统的安全加固包括以下几个技术部分：

（1）用户账户安全加固。

1）修改用户密码策略。

修改前备份配置文件：

/etc/login. defs

cp/etc/login. defs/etc/login. defs. bak

修改编辑配置文件：

vi/etc/login. defs，修改如下配置：

PASS_MAX_DAYS　90(用户的密码不过期最多的天数)

PASS_MIN_DAYS　0(密码修改之间最小的天数)

PASS_MIN_LEN　8(密码最小长度)

PASS_WARN_AGE　7(口令失效前多少天开始通知用户更改密码)

回退操作：

～]＃cp/etc/login. defs. bak/etc/login. defs

2）锁定或删除系统中与服务运行、运维无关的用户。

查看系统中的用户并确定无用的用户：

～]＃more/etc/passwd

锁定或删除不使用的账户（根据需求操作一项即可）

锁定不使用的账户：～]＃usermod-L username

或删除不使用的账户：～]＃userdel-f username

回退操作：

～]＃usermod-U username

3）锁定或删除系统中不使用的组。

操作前备份组配置文件/etc/group：

～]＃cp/etc/group/etc/group. bak

查看系统中的组并确定不使用的组：

～]＃cat/etc/group

锁定不使用的组：

修改组配置文件/etc/group，在不使用的组前加“#”注释即可

删除不使用的组：

~]#groupdel groupname

回退操作：

~]#cp/etc/group. bak/etc/group

4）限制密码的最小长度。

操作前备份组配置文件/etc/pam. d/system-auth：

~]#cp/etc/pam. d/etc/pam. d. bak

设置密码的最小长度为8：

修改配置文件/etc/pam. d，在行“password requisitepam _ pwquality. sotry_ first _ pass local _ users _ only retry＝3 authtok _ type＝”中添加“minlen＝8”；或使用sed修改，修改命令为：~]#sed-i "s#password requisite pam_pwquality. sotry_first_pass local_users_only retry＝3 authtok_type＝#password requisite pam_pwquality. so try_first_pass local_users_only retry＝3 minlen＝8 authtok_type＝#g"/etc/pam. d/system-auth。

回退操作：

~]#cp/etc/pam. d. bak/etc/pam. d

（2）用户登录安全设置。

1）禁止root用户远程登录。

修改前备份ssh配置文件/etc/ssh/sshd_conf：

~]#cp/etc/ssh/sshd_conf/etc/ssh/sshd_conf. bak

修改ssh服务配置文件不允许Root用户远程登录：

编辑/etc/ssh/sshd_config找到“#PermitRootLogin yes”去掉注释并修改为“PermitRootLogin no”；或者使用sed修改，修改命令为：~]#sed-i "s@#PermitRootLogin yes@PermitRootLoginno@g"/etc/ssh/sshd_config。

修改完成后重启ssh服务：

Centos6. x为：~]#service sshd restart

Centos7. x为：~]#systemctl restart sshd. service

回退操作：

~]＃cp/etc/ssh/sshd_config. bak/etc/ssh/sshd_config

2）设置远程 ssh 登录超时时间。

修改前备份 ssh 服务配置文件/etc/ssh/sshd_config：

~]＃cp/etc/ssh/sshd_conf/etc/ssh/sshd_conf. bak

设置远程 ssh 登录长时间不操作退出登录：

编辑/etc/ssh/sshd_conf 将”＃ClientAliveInterval 0”修改为”ClientAliveInterval 180”，将”＃ClientAlive CountMax 3”去掉注释；或执行如下命令完成：

~]＃sed-i "s@＃ClientAliveInterval 0@ClientAliveInterval 180@g"/etc/ssh/sshd_config

~]＃sed-i "s@＃ClientAliveCountMax 3@ClientAliveCountMax 3@g"/etc/ssh/sshd_config

配置完成后保存并重启 ssh 服务：

Centos6. x 为：~]＃service sshd restart

Centos7. x 为：~]＃systemctl restart sshd. service

回退操作：

~]＃cp/etc/ssh/sshd_config. bak/etc/ssh/sshd_config

3）设置当用户连续登录失败三次，锁定用户 30min。

配置前备份配置文件/etc/pam. d/sshd：

~]＃cp/etc/pam. d/sshd/etc/pam. d/sshd. bak

设置当用户连续输入密码三次时，锁定该用户 30min：

修改配置文件/etc/pam. d/sshd，在配置文件的第二行添加内容：

auth required pam_tally2. so deny=3unlock_time=300

若修改配置文件出现错误，回退即可，回退操作：

~]＃cp/etc/pam. d/sshd. bak/etc/pam. d/sshd

4）设置用户不能使用最近五次使用过的密码。

配置前备份配置文件/etc/pam. d/sshd：

~]#cp/etc/pam.d/system-auth/etc/pam.d/system-auth.bak

配置用户不能使用最近五次使用的密码：

修改配置文件/etc/pam.d/sshd，找到行“password sufficient pam_unix.so sha512 shadow nulloktry_first_passuse_authtok”，在最后加入 remember=10；或使用 sed 修改，修改命令为：

~]#sed-i "s@#password sufficient pam_unix.so sha512 shadow nulloktry_first_pass use_authtok@password sufficient pam_unix.so sha512 shadow nullok try_first_passuse_authtok remember=10@g"/etc/ssh/sshd_config

回退操作：

~]#cp/etc/pam.d/sshd.bak/etc/pam.d/sshd

5）设置登录系统账户超时自动退出登录。

修改系统环境变量配置文件/etc/profile，在文件的末尾加入“TMOUT=180”，即~]#echo TMOUT=180>>/etc/profile，使登录系统的用户三分钟不操作系统时自动退出登录。

使配置生效的执行命令：

~]#./etc/profile#或 source/etc/profile

回退操作：

删除在配置文件“/etc/profile”中添加的“TMOUT=180”，执行命令./etc/profile，使配置生效。

（3）系统安全加固。

1）关闭系统中与系统正常运行及业务无关的服务。

查看系统中的所有服务及运行级别，并确定哪些服务是与系统的正常运行及业务无关的服务：

~]#chkconfig--list

关闭系统中不用的服务：

~]#chkconfigservername off

回退操作：

~]#chkconfigservername on

2）禁用“ctrl＋alt＋del”重启系统。

rhel6. x 中禁用“ctrl＋alt＋del”键重启系统：

修改配置文件“/etc/init/control-alt-delete. conf”，注释掉行“start on control-alt-delete”；或用 sed 命令修改，修改命令为：～]＃sed-i "s@start on control-alt-delete@＃start on control-alt-delete@g"/etc/init/control-alt-delete. conf

rhel7. x 中禁用“ctrl＋alt＋del”键重启系统：

修改配置文件“/usr/lib/systemd/system/ctrl-alt-del. target”，注释掉所有内容。

使修改的配置生效：

～]＃init q

3）加密 grub 菜单。

加密 Redhat6. x grub 菜单，备份配置文件/boot/grub/grub. conf：

～]＃cp/boot/grub/grub. conf/boot/grub/grub. conf. bak

将密码生成秘钥：

～]＃grub-md5-crypt

Password：

Retype password：

＄1＄nCPeR/＄mUKEeqnBp8G. P. Hrrreus

为 grub 加密：

修改配置文件/boot/grub/grub. conf，在“timeout ＝ 5”行下加入“password--md5 ＄1＄CgxdR/＄9ipaqi8aVriEpF0nvfd8x. ”，“＄1＄CgxdR/＄9ipaqi8aVriEpF0nvfd8x. ”为加密后的密码。

回退：

～]＃cp/boot/grub/grub. conf/boot/grub/grub. conf. bak

或者删除加入行“password--md5 ＄1＄CgxdR/＄9ipaqi8aVriEpF0nvfd8x. ”

4）加密 redhat7. xgrub 菜单：

在“/etc/grub. d/00_header”文件末尾，添加以下内容

cat＜＜EOFsetsuperusers＝'admin'

password admin qwe123

E0F

重新编译生成 grub. cfg 文件：

~]#grub2-mkconfig -o /boot/grub2/grub. cfg

回退操作：

删除/etc/grub. d/00_header 中添加的内容，并重新编译生成 grub. cfg 文件。

第4章　配电自动化系统网络安全防护实战

本章主要介绍配电自动化网络中常见的安全攻击方式，包括SQL注入、DDoS攻击、端口扫描、文件上传漏洞、ARP攻击，并针对这五种攻击给出了相应的防御措施。本章内容是配电自动化系统网络安全防护实战部分，也是本书重点章节，需全部掌握。

4.1　常见网络与信息安全攻击方法

4.1.1　SQL注入

所谓SQL注入，就是通过将SQL语句插入到用户输入内容、Web表单、页面请求中的变量中，最终被服务器执行，达到欺骗服务器执行恶意的SQL命令的攻击方法。

1. SQL注入原理及危害

(1) SQL注入原理。SQL即结构化查询语言（Structured Query Language），是一种用于数据库查询和程序设计的语言，可以对结构化的关系数据库系统进行存取、查询、更新和管理；数据库脚本文件的扩展名也是“.sql”。SQL语言语法丰富，能为用户提供各种各样的数据操作，很多语句也是经常要用到的。SQL查询语句就是一个典型的例子，无论是高级查询还是低级查询，SQL查询语句的需求是最频繁的。

要理解SQL注入的原理，就必须懂得SQL语言的基本语法。不同的数据库中，使用的SQL语法略有差别，例如在MSSQL中，不支持“limit”语法，而在Mysql中是可以使用“limit”这样的关键字进行查询操作的。

常见的数据库如 Mysql、MSSQL、Acess、Oracle 等都属于关系型数据库，可以直观地理解为，数据是以表格的形式存放在数据库中，表格的每一行就是一条数据记录，数据记录的每一列成为数据的属性，列名称就是属性名称。当需要查询数据库时要使用标准化的 SQL 语句，对数据库进行查询操作。

（2）SQL 注入的产生。Web 动态页面为网站提供了更多的灵活性，方便更新维护。页面代码虽然不需要改变，但是显示的内容却是可以随着时间、环境或者数据库操作的结果而发生改变的。但是动态页面需要前后台进行数据交互，SQL 注入产生的根本原因也正是前后台程序的数据交互。

（3）SQL 注入的危害。

1）数据库中存放的敏感信息泄露。

2）通过操作数据库对特定网页进行篡改。

3）修改数据库一些字段的值，嵌入网马链接，进行挂马攻击，传播恶意软件。

4）数据库被恶意操作，数据库的系统管理员账户被篡改。

5）服务器被远程控制，被安装后门。经由数据库服务器提供的操作系统支持，让黑客得以修改或控制操作系统。

6）破坏硬盘数据，瘫痪全系统。

2. SQL 注入分类

（1）数字型注入。当输入的参数为整型时，如果存在注入漏洞，可以认为是数字型注入。

（2）字符型注入。当输入的参数为字符串时，称为字符型注入。字符型和数字型最大的一个区别在于，数字型不需要单引号来闭合，而字符串一般需要通过单引号来闭合的。

（3）联合注入。联合注入一般适用于有查询结果回显位置的场景，主要是利用 union select 语句来将注入的查询语句结果显示在网页对应的位置。

(4) 报错注入。有时网页上没有展示查询结果的地方，也就是说 union select 语句执行结果不能直接显示在网页上，需要让执行结果出现在报错语句中。因此，需要以一种方式处理查询，以便通过错误获取数据库信息。查询条件必须是正确的，能被后端数据库解释执行，且需产生一个逻辑错误，让数据库信息伴随错误字符串返回。

(5) 基于布尔值的盲注。如果 Web 页面仅仅会返回 True 和 False。那么布尔盲注就是进行 SQL 注入之后然后根据页面返回的 True 或者是 False 来判断盲注语句的判断条件是否正确，从而逐步得到数据库中的相关信息。

(6) 基于时间的盲注。当 Web 页面没有正确或错误的区别显示时，布尔盲注就很难发挥作用，这时一般采用基于 Web 应用响应时间上的差异来判断是否存在 SQL 注入，即基于时间型 SQL 盲注。通常会使用 if 条件语句结合 sleep 函数来进行时间盲注。

(7) 二次注入。二次注入的流程通常是攻击者在 HTTP 请求中提交精心构造的恶意输入，这些输入数据将保存在数据库中。攻击者再提交第二次 HTTP 请求，程序在处理第二次 HTTP 请求时会使用之前已经输入的恶意数据来构造新的 SQL 语句，从而导致二次注入。

常规 SQL 注入和二次注入危害一致，攻击者能够获得数据库的访问权限，窃取相关数据，但是常规 SQL 注入可以通过相关工具扫描出来，而二次注入更微妙，通常二次注入漏洞的测试主要依据测试人员对系统功能的理解和对常出错位置经验的判断。

3. SQL 注入渗透实例

以 MySQL 数据库注入为例介绍。MySQL 是一个开放源代码的数据库管理系统。图 4-1 是 MySQL 与 PHP 配合使用查询站点实例。通过改变 ID 参数的值，就可以查询不同的用户信息。

进行注入点测试：第一，判断注入点是否存在和注入类型；第二，获取查询列数；第三，获取数据库信息；第四，获取表信息。最终获取这个 PHP 站点的数据库信息，效果如图 4-2 所示。

图 4-1　MySQL 与 PHP 配合使用查询站点实例

Mysql手工注入

请求URL：http://192.168.136.131:8001/userinfo.php?id=1' and 1=2 union select database(),user(),user,password,5,6,7,8,9,10 from users#

ID	用户名	姓名	性别	身份证号码	联系方式	备注	注册日期	上次登录时间	上次登录IP
dvwa	root@localhost	admin	5f4dcc3b5aa765d61d8327deb882cf99	5	6	7	8	9	10
dvwa	root@localhost	gordonb	e99a18c428cb38d5f260853678922e03	5	6	7	8	9	10
dvwa	root@localhost	1337	8d3533d75ae2c3966d7e0d4fcc69216b	5	6	7	8	9	10
dvwa	root@localhost	pablo	0d107d09f5bbe40cade3de5c71e9e9b7	5	6	7	8	9	10
dvwa	root@localhost	smithy	5f4dcc3b5aa765d61d8327deb882cf99	5	6	7	8	9	10

图 4-2　获取 PHP 站点数据库信息

4.1.2　DDoS 攻击

1. DDoS 攻击原理及危害

分布式拒绝服务（Distributed Denial of Service，DDoS）攻击是指处于不同位置的多个攻击者同时向一个或数个目标发动攻击，或者一个攻击者控制了位于不同位置的多台机器并利用这些机器对受害者同时实施攻击。由于攻击的发出点是分布在不同地方的，这类攻击称为分布式拒绝服务攻击，其中的攻击者可以有多个。

（1）DDoS 攻击原理。DDoS 攻击是一种基于 DoS 的特殊形式的拒绝服务攻击，是一种分布的、协同的大规模攻击方式。单一的 DoS 攻击一般是采用一对一方式，它利用网络协议和操作系统的一些缺陷，采用欺骗和伪装的策略来进行网络攻击，使网站服务器充斥大量要求回复的信息，消耗网络带宽或系统资源，导致网络或系统不胜负荷以至于瘫痪而停止提供正常的网络服务。与 DoS 攻击（由单台主机发起攻击）相比较，DDoS 攻击是借助数百，甚至数千台被入侵后安装了攻击进程的主机同时发起的集体行为。

(2) DDoS 危害。如果企业网站或网络受到 DDoS 攻击，将产生哪些风险？财务上的风险是在所难免的，因为攻击的直接后果很可能是收入损失。另外会产生修复成本，并且可能需要对受到影响的用户进行补偿。如果用户保密数据被泄露，还可能带来法律风险。服务提供商如果不能履行服务水平协议，有可能将承担财务和法律后果。然后会造成无形资产损失，例如公司品牌或声誉受损，企业将走下坡路，表现为业务流失和股票价格下跌。

根据 NETSCOUT Arbor 的第 13 期《全球基础设施安全报告》，攻击产生的后果是严重的，而且正变得越来越严重。2017 年，因 DDoS 攻击遭受收入损失的受访者数量几乎翻了 1 倍。每分钟互联网中断成本在 501～1000 美元的受访者数量增加了近 60%。大约 10%受到攻击的企业预计成本损失超过 10 万美元，比 2016 年高 5 倍。超过一半受访者受到 1 万～10 万美元的财务影响，几乎是 2016 年的 2 倍。57%的受访者表示攻击对其业务产生的主要影响是声誉或品牌受损。

2. DDoS 攻击分类

常见的 DDoS 攻击可以分为六类，即 ICMP Flood、UDP Flood、HTTP Flood、SYN Flood、DNS Reply Flood。

(1) ICMP Flood 攻击。ICMP Flood 攻击是指攻击者向攻击目标发送大量 ICMP 报文（如 Ping 报文），被攻击者会因为应答这些报文而导致负担过重，不能提供正常服务。

(2) UDP Flood 攻击。UDP Flood 攻击是指攻击者通过僵尸网络向目标服务器发起大量的 UDP 报文，这种 UDP 报文通常为大包，且速率非常快，从而造成服务器资源耗尽，无法响应正常的请求，严重时会导致链路拥塞。

(3) HTTP Flood 攻击。HTTP Flood 攻击是攻击者通过代理或僵尸网络向目标服务器发起大量的 HTTP（HTTP Get/HTTP Post）报文，请求涉及数据库操作的 URL 或其他消耗系统资源的 URL，造成服务器资源耗尽，无法响应正常请求。

(4) SYN Flood 攻击。SYN Flood 攻击是指攻击者通过伪造一个源地址不存在或者是不可达的 SYN 报文，发送给目标服务器，目标服务器回复 SYN/ACK 报文给这些地址时，不会收到 ACK 报文，因此目标服务器保持了大量的半连接，直到超时。这些半连接如果已经耗尽目标服务器的资源，就无法再处理正常的 TCP 连接，攻击目的达到。

（5）DNS Reply Flood 攻击。DNS Reply Flood 攻击也可称为 DNS Spoofing，是指攻击者在一定条件下将大量伪造的 DNS 应答包发送给某个 DNS Server 或某台主机，这些应答包将一些合法域名指向恶意 IP 地址，从而达到欺骗接收者，干扰网络的目的。

3. DDoS 攻击实例

2014 年 12 月 10 日，我国爆发了运营商 DNS 网络 DDoS 攻击事件。从 12 月 10 日凌晨开始，现网监控到攻击流量突增的情况，到上午 11 点开始，攻击开始活跃，多个省份不断出现网页访问缓慢，甚至无法打开等故障现象。某省运营商遭遇的攻击，高峰时竟然出现了高达 6G 的攻击混合流量。

经过分析样本发现，12 月 10 日的攻击主要是针对多个域名（包括 arkhamnetwork. org、arkhamnetwork. com、getfastinstagramfollowers. net）的随机查询攻击；11 日凌晨攻击出现变种，出现针对其他域名的攻击，攻击源主要来自各省内。攻击者不仅在短暂的时间内发起了峰值大于 6G 的查询请求（全国范围内大于 100G 的攻击），而且连续的变换二级域名，造成各省的 DNS 递归服务器延迟增大，核心解析业务受到严重影响。

4.1.3 端口扫描

1. 端口扫描原理及危害

（1）端口扫描原理。端口扫描就是逐个对一段端口或指定的端口进行扫描。通过扫描结果可以了解一台计算机上都提供了哪些服务，然后就可以通过所提供的这些服务的已知漏洞进行攻击。攻击者通过对端口进行扫描探测网络结构，探寻被攻击对象目前开放的端口，以确定攻击方式。在端口扫描攻击中，攻击者通常使用 Port Scan 攻击软件，发起一系列 TCP/UDP 连接，根据应答报文判断主机是否使用这些端口提供服务。

(2) 端口扫描危害。端口扫描可以帮助攻击者找到攻击的弱点，并入侵计算机系统。尽管这只是第一步，但是，一旦找到运行监听服务的开放端口，就可以扫描它是否存在漏洞。一旦发现漏洞，攻击将变得非常简单，这其实才是真正的危险。

2. 端口扫描分类

(1) TCP SYN 扫描。这种技术通常认为是“半开放”扫描，这是因为扫描程序没必要打开一个完全的 TCP 连接。扫描程序发送的是一个 SYN 数据包，好像准备打开一个实际的连接并等待反应那样（参考 TCP 的三次握手建立一个 TCP 连接的过程）。一个 SYN/ACK 的返回信息表示端口处于侦听状态；一个 RST 返回，表示端口没有处于侦听态。

(2) TCP Connect 扫描。这是最基本的 TCP 扫描。操作系统提供的 Connect 系统调用，用来与每一个感兴趣的目标计算机的端口进行连接。如果端口处于侦听状态，那么 Connect 就能成功；否则，这个端口是不能用的，即没有提供服务。该扫描 Client 和 Server 建立 TCP 连接，完成三次握手后，Client 主动关闭连接。Server 日志会记录下连接的内容。

(3) TCP FIN 扫描。某些时候有可能 SYN 扫描不够秘密。一些防火墙和包过滤器会对一些指定的端口进行监视，有的程序能检测到这些扫描。相反，FIN 数据包可能会没有任何阻挡地通过。这种扫描方法的思想是关闭的端口会用适当的 RST 来回复 FIN 数据包。

(4) UDP 扫描。这种扫描用得比较少，因为大多流行服务都是运行在 TCP 协议上。采用 UDP 协议的常见服务有 DNS、SNMP 和 DHCP 几种。另外，UDP 扫描一般比较慢，用作辅助扫描比较好。

(5) 秘密扫描。该扫描因为没有包含与 TCP 三次握手连接，所以日志系统不记录相关信息。秘密扫描类型有 TCP FIN、TCP ACK、SYN/ACK 扫描。

(6) TCP ACK 扫描。这其实也属于一种“半开放”扫描方式，扫描主机向目标主机发送 ACK 数据包，如果目标返回一个 RST 数据包，则表明该主机存在。如果这个数据包中 TTL 值不大于 64 或者 WINDOW 值为 0，则表明目标端口出于 open 状态，否则为 close 状态。

4.1.4　文件上传漏洞

1. 文件上传漏洞原理及危害

文件上传漏洞是指恶意用户利用网站的文件上传功能，上传可被服务器解析执行的恶意脚本，并通过 Web 访问的方式在远程服务器上执行该恶意脚本。文件上传漏洞可直接导致网站被挂马，进而造成服务器执行不可预知的恶意操作，如网页被篡改、敏感数据泄露、远程执行代码等。

文件上传漏洞的产生，通常是由于服务器端文件上传功能的逻辑实现没有严格限制用户上传的文件后缀以及文件类型，从而导致攻击者能够向某个可通过 Web 访问的目录中上传包含恶意代码的文件。

2. 文件上传漏洞分类

文件上传漏洞攻击主要分为两部分：第一部分是如何绕过文件检测机制，将脚本文件上传至服务器；第二部分是如何成功解析文件，执行脚本文件中的内容。在不同的服务器环境下，文件上传漏洞的利用方式有所不同，下面从文件检测类型和文件解析类型两方面进一步分析文件上传漏洞。

（1）文件检测方式。为了防止文件上传漏洞的发生，对用户上传的文件进行类型检查是必要的。当前主流的文件类型检查方法主要有客户端文件扩展名检测、服务器端文件类型检测、服务器端文件扩展名检测、服务器端文件内容检测。

对上述方法进行归纳和分类，不难发现，当前主流的文件类型检查功能可分为如下几种类型：

1）按照检测位置，可以分为在客户端的检测和在服务器端的检测；

2）按照检测内容，可以分为对文件扩展名的检测、对文件类型的检测和对文件内容的检测；

3）按照过滤方式，可以分为黑名单过滤和白名单过滤。

目前互联网上绝大多数 Web 应用系统中的文件上传检测功能都是采用以上一种或几种类型的组合。但是，并非所有的文件上传检测功能都是安全和有效的。事实上，如果掌握一些文件上传的绕过方式，很多网站的文件上传检测都可以被轻松攻破。本节将结合实例详细讲解这些文件上传检测功能的实现原理。

1）客户端文件扩展名检测。客户端检测又名本地 JavaScript 检测，已知 Web 应用程序是在客户端完成对用户上传的文件类型进行检测。常见的检测方法是页面前端调用 JavaScript 方法，对上传文件的扩展名进行分析，检查是否是系统允许上传的文件类型。根据对扩展名检查方法的不同，可以分为白名单过滤或黑名单过滤。

2）服务器端文件类型检测。相对于客户端的文件类型检查，在服务器端做文件类型检查的安全性更高，这也是当前主流的文件上传功能检查方法。不过，服务器端的文件类型检查方法也多种多样，并不是每一种都是足够安全的。例如，查看文件的 MIME 类型就是一种最简单的服务器端文件类型检查方法。

MIME（Multipurpose Internet Mail Extensions，多用途互联网邮件扩展），是一种互联网标准，规定了用于表示各种各样的数据类型的符号化方法，以及各种数据类型的打开方式。MIME 在 1992 年最早应用于电子邮件系统，后来 HTTP 协议中也使用了 MIME 的框架，它被用于表示 Web 服务器与客户端之间传输的文档的数据类型。Web 服务器或客户端在向对方发送真正的数据之前，会先发送标志数据的 MIME 类型的信息，这个信息通常使用“Content-Type”关键字进行定义。

每个 MIME 类型由两部分组成，前面是数据的大类别，例如声音（audio）、图像（image）等，后面定义具体的种类。每个 Web 服务器都会定义自己支持的 MIME 类型，例如 Apache 在 mime. types 文件中列出了支持的 MIME 类型列表，Tomcat 通常是在 web. xml 配置文件中用“<mime-mapping>”标签来定义支持的 MIME 类型，IIS 也有相应的配置选项。表 4-1 列出了常见的 MIME 类型（通用型）。

表 4-1　　常见的 MIME 类型

文件类型	文件扩展名	MIME 标识
HTML 文档	. html、. htm	text/html
XML 文档	. xml	text/xml
普通文本	. txt	text/plain
可执行文档	. exe、. php、. asp 等	application/octet-stream
PDF 文档	. pdf	application/pdf
Word 文档	. word	application/msword
PNG 图像	. png	image/png
GIF 图形	. gif	image/gif
JPEG 图形	. jpeg、. jpg	image/jpeg
AVI 文件	. avi	video/x-msvideo
GZIP 文件	. gz	application/x-gzip
TAR 文件	. tar	application/x-tar

3）服务器端文件扩展名检测。在服务器端进行文件扩展名的检查是当前 Web 应用系统最常用的文件上传检测方法。其原理很简单，就是在服务器端提取出上传文件的扩展名，然后检查该扩展名是否满足设定的规则要求。根据规则设定的不同，对文件扩展名的检查可以分为黑名单检查和白名单检查。

4）服务器端文件内容检测。文件内容检测，顾名思义就是通过检测文件内容来判断上传文件是否合法。这类检测方法相对上面几种检测方法来说是最为复杂的一种，前面的对文件扩展名进行变形的操作均无法绕过这种对文件内容进行检测的方法。该方法具体实现过程主要有两种方式：一种是通过检测上传文件的文件头来判断，通常情况下，通过判断前 2 个字节，基本就能判断出一个文件的真实类型；另一种是文件加载检测，一般是调用 API 或函数对文件进行加载测试。常见的是图像渲染测试，再严格点的甚至是进行二次渲染。

综上所述，通过对比分析可知，服务器端的文件扩展名白名单检测方法是目前为止较为安全的一种检测方法，在不存在代码逻辑漏洞以及其他服务器解析漏洞的前提下，基本上没有可以直接绕过白名单检查来上传 Webshell

的方法。

（2）Web 文件解析漏洞。文件上传漏洞能被成功利用的条件有两个，其中第一个也是最重要的一个就是，用户上传的文件要能够被 Web 服务器正确解析执行。通常情况下，这意味着上传的文件后缀名必须是服务器端 Web Server 能识别的类型，如 php、asp、jsp 等。

如果服务器端的文件类型检查做得足够“安全”，例如采用严格的白名单过滤，不存在逻辑漏洞和目录截断，只允许用户上传指定后缀名的文件，如 jpg、gif、bmp 等。这是否就意味着文件上传漏洞一定不存在了呢？答案当然是否定的。在某些特殊情况下，具体来说，就是当服务器 Web Server 存在解析漏洞时，即使不是 Web Server 能识别的文件类型，也有可能被 Web Server 解析执行。本节介绍几种主流的 Web Server 的解析漏洞。

1）Apache 解析漏洞。Apache 服务器在对文件名进行解析时，它会从后往前对文件名进行解析，当遇到一个不认识的后缀名时，不会停止解析，而是继续往前搜索，直到遇到一个它认识的文件类型为止。

2）IIS 解析漏洞。在 IIS 6 及其之前的版本中，存在两个非常著名的解析漏洞。其一，网站上传图片时，将网页木马文件的名称改成“*.asp、.jpg”，也同样会被 IIS 当作 asp 文件来解析并执行。例如，上传一个图片文件，名字叫“vidun.asp.jpg”的木马文件，该文件可以被当作 asp 文件解析并执行。其二，在网站下建立文件夹的名字为*.asp、*.asa 的文件夹，其目录内的任何扩展名的文件都被 IIS 当作 asp 文件来解析并执行。例如，创建目录 vidun.asp，那么/vidun.asp/1.jpg 将被当作 asp 文件来执行。”

IIS 6 及其以前版本的这两个解析漏洞的危害是显而易见的。它使得即便是 jpg 这种最常见格式的文件也能被服务器解析执行，这就给恶意用户提供了一种可以轻易绕过文件上传白名单过滤的方法。恶意用户不再需要绞尽脑汁想办法绕过服务器的白名单检查，只需要直接上传一个后缀为 jpg 的文件，然后让它解析执行就可以了。

尽管 IIS 7 及以上版本已经修复了这两个解析漏洞，但是由于升级难度大等种种原因，目前在互联网上仍然能找到不少尚未修复该漏洞的 Web 应用。

3）Nginx 解析漏洞。Nginx 解析漏洞最早是由我国的安全组织 80Sec 发布的，该漏洞与 IIS 的解析漏洞类似，它指出使用 PHP 在 Ngnix 配置 fastcgi 时，会出现文件解析问题，使任意后缀的文件都能被当作 PHP 文件解析执行。

事实上，该漏洞与 Nginx 本身关系并不大，Nginx 只是作为一个代理把请求转发给 PHP 的 fastcgi Server 进行处理，而解析漏洞产生的根源是 fastcgi Server 在解析文件时出现了问题。因此，即使在其他的非 Nginx 环境下，只要是采用 fastcgi 的方式来调用 PHP 的脚本解析器，就会存在该解析漏洞。只是当使用 Nginx 作为 Web Server 时，默认都会配置使用 fastcgi 方式来解析 PHP，因此该解析漏洞在 Nginx 的环境中较常见。

与 IIS 6 的解析漏洞类似，Nginx 的解析漏洞使得上传的合法文件（如图片、文本、压缩文件等）也存在被解析执行的可能，其危害是显而易见的。它使得文件上传的任何类型检查功能都形同虚设，恶意用户完全可以上传一个具有合法后缀但包含恶意脚本内容的文件，然后利用解析漏洞使该文件被解析执行。

然而，与 Apache 官方对待其解析漏洞问题的态度相似，PHP 官方认为 fastcgi 的这种解析方式是 PHP 的一个产品特性，而不是漏洞，因此该问题始终没有得到修复，在最新的 PHP7. 2. 8 版本中，该问题依然存在。

3. 文件上传漏洞渗透实例

下面通过真实场景下的文件上传漏洞渗透实例来进一步分析文件上传漏洞的攻击手段和可能造成的危害。需要说明的是，在互联网上利用文件上传漏洞进行网站入侵、上传 Webshell、篡改网页等是违法行为。这部分内容旨在通过剖析文件上传漏洞的攻击行为来帮助人们更好地采取防范措施，书中的所有示例及代码仅供学习使用，希望读者不要对其他网站发动攻击行为，否则后果自负，与本书无关。

文件上传是互联网上一种非常常见的功能，具有文件上传功能的网站也非常多，在百度上用“inurl：upload”关键字进行搜索，可以找到上百万个网站，如图 4-3 所示。这些网站几乎都提供了文件上传的功能。

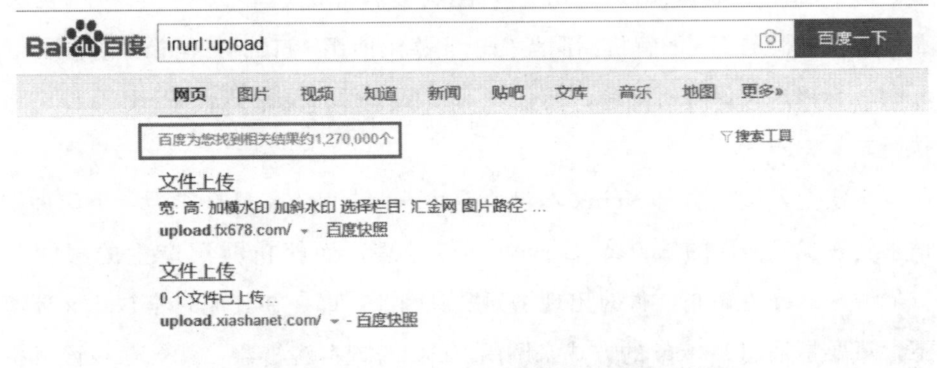

图 4-3　百度“inurl：upload”关键字的搜索结果

网站中的文件上传功能主要有以下几个用途：

（1）网站用户上传个人头像；

（2）内容发布网站用于上传文本、图片等相关资料；

（3）电子商务网站用于发布商品信息；

（4）专业网站用于上传专业资料，如论文投稿、课件上传等；

乌云网上曝光的存在文件上传漏洞的网站 80%以上都发生在用户上传个人头像的位置，其次就是论坛发帖。因为这些地方的安全性很容易被开发者忽视，但往往就是这些看似不起眼的地方，让恶意攻击者有了可乘之机。

下面介绍一个利用文件上传漏洞获取 Webshell 的真实案例。

为了防止用户上传错误格式的文件，网站采取了一定的过滤措施，对文件类型进行了白名单检查，仅允许用户上传 jpg、png 和 gif 格式的文件。当尝试上传一个 asp 文件时，网站会提示“File is not an allowed file type”。

但是如果过滤措施仅仅是用前端 JS 代码实现的，服务器后台似乎没有做任何文件类型检查的操作。于是，通过文件上传检测及绕过方法，先上传一个“xiao. jpg”的文件，其文件内容是 asp 的一句话木马。待顺利通过网站的前端检测后，利用工具实时拦截客户端发往服务器的POST包，将上传的文件名后缀改为asp后再发出去。上传成功后，虽然仍提示“xiao.jpg”上传成功，但是查看网页元素可以发现，服务器端文件的后缀名实际为asp，说明一句话木马上传成功，这样文件上传漏洞需要满足的两个条件都已经满足了。

接下来通过工具连接木马，连接成功后，就可以进行查看远端服务器的文件系统、开启虚拟终端远程执行命令等操作。篡改网页、窃取网站敏感信息等恶意操作也可以通过这个工具完成。

4.1.5 ARP攻击

1. ARP攻击原理及危害

TCP/IP协议的设计人员根据以太网这种具有广播特性的网络开发出了ARP地址解析协议。主机在仅知道同一物理网络上的目的端的IP地址情况下，通过ARP解析到目的端的MAC地址。即使网络上的主机发生变化，比如主机的增加或减少、主机更换计算机的网卡等，仍可以完成从IP地址到MAC地址的转换，并且这个转换关系可以动态更新。

攻击者为了改变网关设备上的ARP表项，会向网关设备发送虚假ARP请求报文。如果设备将该报文中的IP地址与MAC地址对应关系学习至ARP表项，则会误将其他主机的报文转发给攻击源。由于在数据链路层转发中，交换机是根据MAC地址来判断出接口的，所以这种攻击的主要目的是改变交换设备上的ARP表项，以使交换设备在根据IP地址解析MAC地址的过程中，将被攻击者的IP解析为攻击者的MAC地址，从而将本应发给被攻击者的报文发送给攻击者。攻击者还可以从报文中获取到被攻击者的隐私信息，进而非法获取游戏、网银、文件服务等系统的账号和口令，造成被攻击者重大利益损失。

2. ARP攻击分类

ARP协议有简单、易用的优点，但是因为其没有任何安全机制，容易被攻击者利用。在网络中，常见的ARP攻击方式主要包括ARP泛洪攻击和ARP欺骗攻击。

（1）ARP泛洪攻击。ARP泛洪攻击也叫拒绝服务攻击（Denial of Service，DoS），主要存在两种场景。

1）设备处理ARP报文和维护ARP表项都需要消耗系统资源，同时为了满足ARP表项查询效率的要求，一般设备都会对ARP表项规模有限制。攻击者利用这一点，通过伪造大量源IP地址变化的ARP报文，使得设备ARP表项资源被无效的ARP条目耗尽，合法用户的ARP报文不能继续生成ARP条目，导致正常通信中断。

2）攻击者利用工具扫描本网段主机或者进行跨网段扫描时，会向设备发送大量目标IP地址不能解析的IP报文，导致设备触发大量ARP Miss消息，生成并下发大量临时ARP表项，广播大量ARP请求报文以对目标IP地址进行解析，从而造成CPU（Central Processing Unit）负荷过重。

（2）ARP欺骗攻击。ARP欺骗攻击是指攻击者通过发送伪造的ARP报文，恶意修改设备或网络内其他用户主机的ARP表项，造成用户或网络的报文通信异常。

3. ARP攻击实例

ARP攻击和端口扫描一样，一般通过工具来完成，工具的功能强度不一样，实现的破坏程度也是不一样的。ARP攻击工具一般会被杀毒软件视为病毒而杀掉，以Windows操作系统为例，介绍ARP攻击过程。

（1）查询网络中网关的ARP信息，如图4-4所示。

（2）查询自己的IP地址信息，如图4-5所示。

（3）将自己的IP和MAC修改成网关的IP和MAC地址，如图4-6所示。

修改完成后，会造成局域网大部分用户网络通信中断，这只是最基本的ARP攻击实例。通过ARP攻击可造成网络流量抓取、流量限行、特定用户网络中断等危害。

网络攻击为违法行为，学习网络攻击只是为了进行更好的安全防护。

```
C:\Users\enjoy>arp -a

接口: 192.168.3.8 --- 0xb
  Internet 地址         物理地址              类型
  192.168.3.1           24-31-54-53-02-4c     动态
  192.168.3.4           4c-57-ca-b2-aa-a6     动态
  192.168.3.255         ff-ff-ff-ff-ff-ff     静态
  224.0.0.22            01-00-5e-00-00-16     静态
  224.0.0.251           01-00-5e-00-00-fb     静态
  224.0.0.252           01-00-5e-00-00-fc     静态
  239.255.255.250       01-00-5e-7f-ff-fa     静态
  255.255.255.255       ff-ff-ff-ff-ff-ff     静态

接口: 169.254.116.85 --- 0x31
  Internet 地址         物理地址              类型
  169.254.255.255       ff-ff-ff-ff-ff-ff     静态
  224.0.0.22            01-00-5e-00-00-16     静态
  224.0.0.251           01-00-5e-00-00-fb     静态
  224.0.0.252           01-00-5e-00-00-fc     静态
  255.255.255.255       ff-ff-ff-ff-ff-ff     静态

C:\Users\enjoy>
```

图 4-4　ARP 信息查询

```
C:\Users\enjoy>ipconfig /all

Windows IP 配置

   主机名 . . . . . . . . . . . . . : DESKTOP-4QB9CAE
   主 DNS 后缀 . . . . . . . . . . . :
   节点类型 . . . . . . . . . . . . : 混合
   IP 路由已启用 . . . . . . . . . . : 否
   WINS 代理已启用 . . . . . . . . . : 否
无线局域网适配器 WLAN:

   连接特定的 DNS 后缀 . . . . . . . :
   描述. . . . . . . . . . . . . . . : Realtek RTL8821CE 802.11ac PCIe Adapter
   物理地址. . . . . . . . . . . . . : FC-01-7C-5C-B0-6D
   DHCP 已启用 . . . . . . . . . . . : 是
   自动配置已启用. . . . . . . . . . : 是
   本地链接 IPv6 地址. . . . . . . . : fe80::88ec:f4e6:933f:2a25%11(首选)
   IPv4 地址 . . . . . . . . . . . . : 192.168.3.8(首选)
   子网掩码 . . . . . . . . . . . . : 255.255.255.0
   获得租约的时间 . . . . . . . . . : 2020年2月20日 3:30:36
   租约过期的时间 . . . . . . . . . : 2020年3月1日 12:57:32
   默认网关. . . . . . . . . . . . . : 192.168.3.1
   DHCP 服务器 . . . . . . . . . . . : 192.168.3.1
   DHCPv6 IAID . . . . . . . . . . . : 133955964
   DHCPv6 客户端 DUID . . . . . . . : 00-01-00-01-25-CA-01-9B-10-E7-C6-FA-81-B6
   DNS 服务器 . . . . . . . . . . . : 192.168.3.1
   TCPIP 上的 NetBIOS . . . . . . . : 已启用
```

图 4-5　IP 地址查询

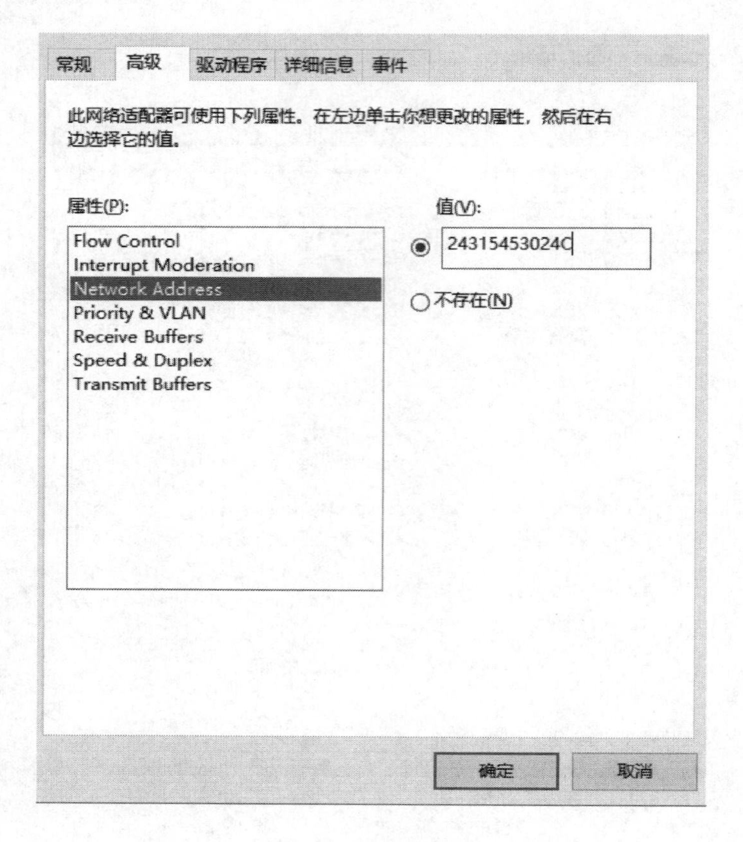

图 4-6　IP 地址修改

4.2　常用网络与信息安全防护技术

4.2.1　SQL 注入的防御

1. 伪静态

伪静态是一种 URL 重写的技术，可隐藏传递的参数，达到防止 SQL 注入的目的。

伪静态一般 URL 地址格式：

（1）http://test.com/php100/id/1/1

（2）http://test.com/php100/id/1.html

非伪静态一般 URL 地址格式：

http://test.com/php100/test.php? id=1

2. 关键词过滤

SQL 语句对于数据库的操作离不开“增删改查”和“文件处理”，为了防止 SQL 注入，需要过滤以下黑名单关键词：

基本关键词：and、or、order；

增的关键词：insert、into；

删的关键词：delete；

改的关键词：replace、update；

查的关键词：union、select；

文件处理的关键词：load_file、outfile。

同时，根据不同的场景需求，还可以将单引号、双引号、反斜杠、空格、等于号、括号等特殊字符进行过滤。

3. SQL 语句预处理

许多成熟的数据库都支持预处理语句（Prepared Statements）的功能。它们是一种编译过的要执行的 SQL 语句模板，可以使用不同的变量参数定制。预处理语句的参数不需要使用引号，底层驱动会进行处理。

预处理语句的工作原理如下：

（1）预处理：创建 SQL 语句模板并发送到数据库。预留的值使用“?”标记。例如：

INSERT INTO MyGuests (firstname, lastname, email) VALUES (?,?,?)

（2）数据库解析、编译：对 SQL 语句模板执行查询优化，并存储结果不输出。

（3）执行：最后，将应用绑定的值传递给参数（“?”标记），数据库执行语句。如果参数的值不一样，应用可以多次执行语句。

相比于直接执行 SQL 语句，预处理语句有三个主要优点：

（1）预处理语句极大减少了分析时间，只做了一次查询（虽然语句多次执行）。

（2）绑定参数减少了服务器带宽，只需要发送查询的参数，而不是整个语句。

（3）预处理语句针对 SQL 注入是非常有用的，因为参数值发送后使用不同的协议，保证了数据的合法性。

4.2.2 DDoS 攻击的防御

1. 过滤服务和端口

可以使用 Inexpress、Express、Forwarding 等工具来过滤不必要的服务和端口，即在路由器上过滤假 IP。只开放服务端口成为目前很多服务器的流行做法，例如 WWW 服务器只开放 80 而将其他所有端口关闭或在防火墙上做阻止策略。

2. 异常流量的清洗过滤

通过 DDoS 硬件防火墙、购买 CDN 服务、运营商服务对异常流量的清洗过滤，通过数据包的规则过滤、数据流指纹检测过滤及数据包内容定制过滤等顶尖技术能准确判断外来访问流量是否正常，进一步将异常流量禁止过滤。

3. 分布式集群防御

这是目前网络安全领域防御大规模 DDoS 攻击的最有效办法。分布式集群防御的特点是在每个节点服务器配置多个 IP 地址（负载均衡），并且每个节点能承受很大的 DDoS 攻击，如一个节点受攻击无法提供服务，系统将会根据优先级设置自动切换另一个节点，并将攻击者的数据包全部返回发送点，使攻击源成为瘫痪状态，从更为深度的安全防护角度去影响企业的安全执行决策。

4. 高智能 DNS 解析

高智能 DNS 解析系统与 DDoS 防御系统的完美结合，为企业提供对抗新兴安全威胁的超级检测功能。它颠覆了传统一个域名对应一个镜像的做法，只能根据用户的上网路线将 DNS 解析请求解析到用户所属网络的服务器。同时，高智能 DNS 解析系统还有宕机检测功能，随时可将瘫痪的服务器 IP 智能更换成正常服务器 IP，为企业的网络保持一个永不宕机的服务状态。

4.2.3　端口扫描的防御

1. 关闭不必要的服务和端口

主机或服务器系统服务除必须运行外，应尽量关闭其他不必要的网络服务。例如，门户网站等单一提供 Web 服务的业务，只需要开放其 80 和 443 端口，FTP、Telnet、SSH 等网络服务可以安全关闭。根据国家及行业颁布的最新安全文件，关闭所有高危端口，如 445 等端口。

2. 对于非对外开放的服务修改端口

对于非对外开放的公共服务（局域网内使用的网络服务），可以通过修改默认端口的方法，避免服务被轻易扫描出来。例如，Linux 远程控制服务 SSH，默认端口号为 22，可以把 SSH 服务端口修改成 2222 或者其他不常见端口号，尽量避免在攻击者端口扫描时直接发现局域网的相关网络服务。

3. 部署防火墙等安全设备

通过部署防火墙、IPS 等安全设备，过滤大部分扫描攻击行为，保护业务系统安全运行。

4.2.4　文件上传漏洞的防御

前面介绍了很多文件上传漏洞的表现形式以及利用方法，本节介绍文件上传漏洞的防御。

要使文件上传漏洞被成功利用，至少需要满足两个条件：一是用户能上传服务器可解析执行的 Web 脚本文件；二是用户能主动触发该 Web 脚本的解析过程，也就是说上传的文件应该是远程可访问的。这两个条件对于文件上传漏洞的利用来说缺一不可，缺少其中任意一个都无法造成实质性危害。因此，从防御的角度来说，在不考虑其他漏洞的情况下，只需要修复上述两个条件中的任意一条，就能达到防御文件上传漏洞的目的。下面介绍常见的安全防御方法。

1. 文件类型检查

文件类型检查是防御文件上传漏洞较常见的一种方法，其主要目的是阻止用户上传可解析执行的恶意脚本文件。对文件扩展名的白名单检测方法是目前为止最为安全的一种检测方法，在不存在代码逻辑漏洞以及其他服务器解析漏洞的前提下，基本上没有可以直接绕过白名单检查的方法。因此，一般情况下应采用在服务器端对用户上传的文件进行白名单检查，即仅允许上传指定扩展名格式的文件。

2. 随机改写文件名

改写文件名是指服务器在文件上传成功后对文件名进行随机改写，使用户无法准确定位到上传的文件，因此也就无法触发该文件的解析过程。当然，为了不让用户猜测出文件的命名规律，对文件名的改写应该做到足够的“随机”。在实际应用中，常见的做法是采用“日期＋时间＋随机数”的方式对文件命名。

3. 改写文件扩展名

改写文件扩展名是指根据文件的实际内容来确定文件最终的扩展名。例如，如果上传的文件包含JPEG格式的文件头，那么就将该文件的扩展名改写为jpg，无论该文件以前是什么格式的扩展名。该方法可有效防御前面提到的上传图片木马的攻击行为，因为文件的扩展名仅由文件的实际内容来决定，而不受用户的控制。该方法还经常和白名单过滤方法结合起来使用，即服务器仅对允许上传的那几种文件类型进行内容识别，对于其他内容的文件，一律将扩展名改写为“unknown”，这样就可以从根本上杜绝可执行（如php、asp等）扩展名的出现。

4. 上传目录设置为不可执行

与上面一条的防御思路类似，只要服务器无法解析执行上传目录下的文件，即使用户上传了恶意脚本文件，服务器本身也不会受到影响。在实际应用中，这么做也是合理的，因为通常情况下，用户上传的文件都不需要拥有执行权限。在许多大型网站的上传应用中，文件上传后会放到独立的存储空间上，做静态文件处理，一方面方便使用缓存加速，降低性能损耗；另一方面也杜绝了脚本执行的可能。

5. 隐藏文件访问路径

在某些应用环境中，用户可以上传文件，但是不需要在线访问该文件。

在这种情况下，可以采用隐藏文件访问路径的方式来对文件上传功能进行防御。例如，不在任何时候以及任何位置显示上传文件的真实保存路径，这样，即使用户能成功上传服务器可解析的恶意脚本，其也无法通过访问该文件来触发恶意脚本的执行过程。

4.2.5　ARP 攻击的防御

1. 配置静态 ARP

配置静态 ARP 是指把主机或服务器上网关 ARP 信息由动态学习改成为静态，如图 4-7 所示。

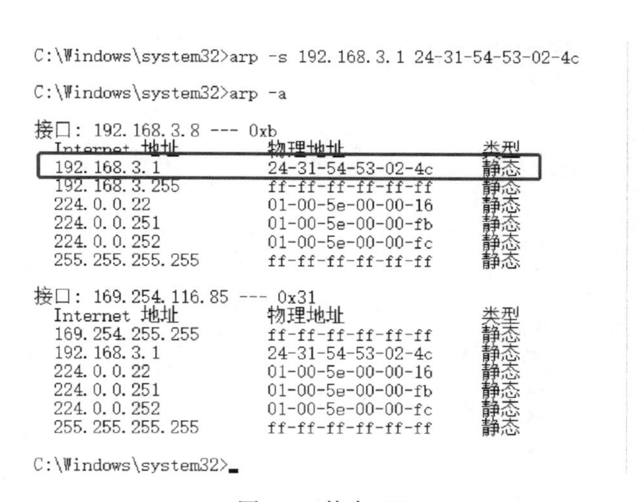

图 4-7　静态 ARP

2. 安装主机安全卫士

不安装安全杀毒软件的电脑是没有安全可言的，应在第一时间安装主流或单位推荐的安全软件，对办公及个人电脑进行安全防护。现在的电脑安全软件的功能比较齐全，找到 ARP 防火墙功能按钮点击开启即可。

3. 网络设备安全加固

网络交换机加固配置可以根据自身情况从如下几个方面进行适量配置：①配置 ARP 报文限速；②配置 ARP Miss 消息限速；③配置临时 ARP 表项的老化时间；④配置 ARP 表项严格学习；⑤配置基于接口的 ARP 表项限

制；⑥配置 ARP 表项固化；⑦配置动态 ARP 检测；⑧配置 ARP 防网关冲突；⑨配置发送 ARP 免费报文；⑩配置 ARP 报文内 MAC 地址一致性检查；⑪配置 ARP 报文合法性检查；⑫配置 ARP 表项严格学习；⑬配置 DH-CP 触发 ARP 学习。

第 5 章　配电自动化设备安全管理

本章主要介绍安全防护设备、配电自动化主站、配电自动化终端的安全运维及管理的主要内容，通过列举国网公司开展配电自动化设备安全管理的实例，详细介绍配电自动化设备安全管理措施、可能存在的安全问题及处理措施，为配电自动化设备安全管理提供参考。

5.1　通用安全防护设备运维及管理

为了加强电力监控系统的信息安全管理，提高电力监控系统安全防护能力，保障电力系统的安全稳定运行，国家发改委于 2014 年 8 月 1 日发布了《电力监控系统安全防护规定》（14 号令）。14 号令明确规定："生产控制大区的业务系统在与其终端的纵向连接中使用无线通信网、电力企业其他数据网（非电力调度数据网）或者外部公用数据网的虚拟专用网络方式（VPN）等进行通信的，应当设立安全接入区。安全接入区与生产控制大区中其他部分的连接处必须设置经国家指定部门检测认证的电力专用横向单向安全隔离装置。生产控制大区中除安全接入区外，应当禁止选用具有无线通信功能的设备。"依据 14 号令，国家能源局于 2015 年 2 月 4 日出台了配套防护方案及评估规范，其中《配电监控系统安全防护方案》和《电力监控系统安全防护评估规范》提出了配电监控系统安全防护及安全评估的具体要求。根据要求，安全防护主要包括对主站的安全防护、子站/终端的安全防护、纵向通信的安全防护、横向边界的安全防护。

5.1.1　主站的安全防护

DAS 与本级调度自动化或其他系统通信时采用逻辑隔离防护措施，保障调度自动化系统安全。

无论采用何种通信方式，自动化系统主站中至少前置机应当采用经国家指定部门认证的安全加固的操作系统，并采取严格的访问控制措施。

在前置机应当配置纵向加密认证类装置或配电网安全防护装置，对控制命令和参数设置指令进行签名操作，实现子站对主站的身份鉴别与报文完整性保护。对于重要子站及终端的通信，可以采用双向认证加密，实现主站和子站间的双向身份鉴别，确保报文机密性和完整性。

对于采用公网作为通信信道的前置机，公网前置机属于安全接入区，必须采用电力专用的正反向隔离装置与自动化系统进行隔离。

5.1.2 子站/终端的安全防护

子站/终端设备上配置安全模块，采用简化、低端的配网安全防护装置，或内置软件验签安全模块，对来源于配电主站的控制命令和参数设置指令采取安全鉴别和数据完整性验证措施，以防范假冒主站对终端进行攻击，随意操作电气设备。

为增加安全性，对重要子站及终端可以配置具有双向认证加密能力的安全模块，如纵向加密认证装置（低端版本），以实现主站和子站终端间的双向身份鉴别和数据加密。

对于能被手持设备控制或配置的配电终端，应当采用严格的访问控制措施。对于终端与手持设备，应当采用安全的通信措施及符合国家要求的加密算法的身份认证措施；对用户登录的口令强度进行严格要求。

子站/终端设备应当具有防窃、防火、防破坏等物理安全防护措施。

5.1.3 纵向通信的安全防护

配电主站、子站及终端的通信方式原则上以电力光纤通信为主，主站与主干配电网开闭所的通信应当采用电力光纤，在各种通信方式中应当优先采用 EPON 接入方式的光纤技术。对于不具备电力光纤通信条件的末梢配电终端，采用无线通信方式。

无论采用何种通信方式，应当对控制指令与参数设置指令使用基于国产加密算法的认证加密技术，实现配网终端对主站的身份鉴别与报文完整性保护。对于重要子站及终端的通信，可以采用双向认证加密技术，实现配网终端和主站之间的双向身份鉴别，确保报文的机密性、完整性保护。

当采用EPON、GPON或光以太网等技术时应当使用独立纤芯或波长。

当采用GPRS/CDMA等公共无线网络（公网）时，要启用公网自身提供的安全措施，包括：

（1）采用APN＋VPN或VPDN技术实现无线虚拟专有通道。

（2）通过认证服务器对接入终端进行身份认证和地址分配。

（3）在配电主站和公共网络采用有线专线＋GRE等手段。

当采用230MHz等电力无线专网时，可以采用相应安全防护措施，提高主站侧、通信链路、终端的安全防护能力。

5.1.4　横向边界的安全防护

根据要求，在生产控制大区与管理信息大区之间必须部署经国家指定部门检测认证的电力专用单向横向隔离装置。生产控制大区内部之间应当采用具有访问控制功能的网络设备、防火墙或者相当功能的设施，实现逻辑隔离。

5.1.5　实例分析

安全防护设备运维及管理主要是按计划定期开展安全检查，以国网公司某单位为例，配电运检室配电自动化系统信息安全自查工作由技术组总体牵头，电缆班负责实施，配网抢修指挥中心配合，各终端厂家提供技术支持，分工合作完成检查工作。

从主站方面来看，主要存在以下问题：

（1）系统架构拓扑图与实际不符，需按实绘制。

（2）设备缺失，OPEN3200系统与D5000系统之间的边界、Web服务器与骨干网之间的边界均缺少反向物理隔离装置。

（3）Ⅲ区与Web服务器接入区共用数据采集交换机，应分开专用。

(4) 个别已停用系统的网络设备未脱离在运网络。

(5) Ⅲ区入侵检测装置在闲暇时的内存占用已超过75%，应对受网络攻击时的检测能力待确认。

(6) 入侵监视类设备，如入侵检测装置、工控安全管理平台、流量审计协议分析设备等，应通过KVM延长设备专线延伸至自动化维护室，以便于人员监管，且不得与其他网络混接。

(7) 入侵监视类设备无明显的告警提示功能。

(8) 杀毒软件、漏洞检测软件等安全软件无定期离线升级。

(9) 入网安全设备无安全认证证书及检测报告。

从现场情况来看，多个厂家的各类配电终端可能存在设备互访、端口开放、弱口令等问题，APN连接可能缺少认证措施，接入APN网络后可扫描到其他C类网段的终端，建议加强完善；此外，也需重视现场设备的物理防护。

5.2 配电自动化主站安全防护运维及管理

5.2.1 主站机房安全防护运维及管理

配电自动化主站机房安全防护运维及管理主要应完成检查和处理以下项目：

(1) 重要设备（SCADA服务器、前置机、通信机）需置于电磁防护机柜或屏蔽机房内。

(2) 重要区域（四级系统）需配置第二道门禁，并启用该门禁功能；重要区域门禁系统的出入记录需完整可查（如检查电子门禁记录）；重要区域门禁系统对出入人员有明确的鉴别功能（如检查电子门禁系统的定期巡检和维护记录）。

5.2.2 主站系统安全防护运维及管理

配电自动化主站系统安全防护运维及管理主要应完成的检查和处理以下项目：

(1) 接入交换机的空余端口应关闭；接入设备应具备调度数字证书，并投入日常应用。

（2）安全接入区内纵向通信均需采用基于国产加密算法的单向认证等安全措施，重要业务需采用双向认证；此外，需提供系统拓扑图和设计文档。

（3）主站前置机需采用经国家指定部门认证的安全加固的操作系统，并应用安全加密认证卡；此外，需提供系统拓扑图和设计文档。

（4）需使用由上级调度机构的调度数字证书系统签发的数字证书，证书需采用 SM2 算法签发。

（5）安全Ⅰ区服务器的 USB 端口需关闭，安全Ⅲ区需使用安全接入移动介质。

（6）调度数据网络设备的安全配置包括关闭或限定网络服务，避免使用默认路由，关闭网络边界 OSPF 路由功能，采用安全增强的 SNMPv2 及以上版本的网管协议，设置受信任的网络地址范围，记录设备日志，设置高强度的密码，开启访问控制列表，封闭空闲的网络端口等。

（7）访问控制策略应使用白名单方式，不得存在源地址、目的地址或端口为空或 any 的情况。

（8）应访谈安全策略开放端口和协议的目的。

（9）应检查访问控制策略地址、端口配置范围是否过宽，是否对地址段、端口端进行了定义。如单条策略配置的源地址、目的地址或端口段未进行定义且范围大于 1 个，应访谈并检查是否有相关的设计、说明文档明确策略开通的目的。

（10）应该查看防火墙配置，明确访问控制规则是否应用到端口或者安全域中。

表 5-1 为配电自动化主站系统安全检查表。

表 5-1　　　　配电自动化主站系统安全检查表

检查类别	检查要点	检查点	检查方法
DC1 物理安全	DC1.1 电磁防护	DC1.1.1 是否对涉及敏感数据的业务系统或关键区域实施电磁屏蔽	询问厂家，查看重要设备（SCADA 服务器、前置机、通信机）是否置于电磁防护机柜或屏蔽机房内

续表

检查类别	检查要点	检查点	检查方法
DC1 物理安全	DC1.2 门禁管理	DC1.2.1 是否对重要区域配置电子门禁系统，控制、鉴别和记录人员的进出情况	(1) 检查重要区域是否有门禁，并启用该门禁功能； (2) 检查重要区域门禁系统的出入记录（如检查电子门禁记录）； (3) 检查重要区域门禁系统是否对出入人员有明确的鉴别功能（如检查电子门禁系统的定期巡检和维护记录）
	DC1.3 重要设备物理安全	DC1.3.1 重要设备是否具有防窃、防火、防破坏等物理安全防护措施	检查重要设备安装环境，检查是否满足防窃、防火、防破坏等物理安全防护要求
DC2 安全接入	DC2.1 设备合法接入	DC2.1.1 未使用接入交换机网络端口是否封闭，接入设备身份是否可信，设备证书是否符合要求	(1) 联系厂家或运维人员检查接入交换机的端口使用情况； (2) 询问厂家，了解接入设备是否具备调度数字证书； (3) 询问厂家，了解设备使用的调度数字证书应用情况
	DC2.2 安全接入区	DC2.2.1 安全接入区内纵向通信是否采用基于国产加密算法技术的单向认证等安全措施，重要业务是否采用双向认证	询问厂家，了解安全接入区内纵向通信是否均采用基于国产加密算法技术的单向认证等安全措施，重要业务是否采用双向认证
	DC2.3 系统前置安全	DC2.3.1 系统主站前置机是否采用经国家指定部门认证的安全加固的操作系统，是否部署应用安全加密认证卡	询问厂家，了解主站前置机是否采用经国家指定部门认证的安全加固的操作系统、应用安全加密认证卡
	DC2.4 配网终端接入	DC2.4.1 配电终端型号是否经过安全检测	(1) 现场查看终端型号信息，并检查终端的安全检测报告； (2) 现场检查终端加密模块、公钥情况
		DC2.4.2 配电终端是否实现安全防护机制	
	DC2.5 数字证书	DC2.5.1 检查是否使用了调度数字证书系统签发的数字证书	(1) 检查证书是否是由上级调度机构签发的证书； (2) 证书是否是 SM2 算法签发
	DC2.6 第三方运维计算机接入	DC2.6.1 运维第三方计算机接入情况	(1) 检查第三方运维计算机接入情况与记录； (2) 核查第三方运维计算机采取的技术防护手段

续表

检查类别	检查要点	检查点	检查方法
DC2 安全接入	DC2.7 移动介质使用	DC2.7.1 检查厂站系统移动介质使用情况	(1) 检查安全区Ⅰ、安全区Ⅱ服务器 USB 端口是否关闭； (2) 检查安全区Ⅲ区移动介质安全接入情况
	DC2.8 访问服务控制	DC2.8.1 厂站系统内是否开启了多余的网络服务	联系厂家或运维人员检查厂站系统是否开启了 EMail、Web、FTP 等不必要的网络服务
DC3 安全边界	DC3.1 网络策略	DC3.1.1 抽查网络设备，查看其安全配置是否符合要求	网络设备的安全配置包括关闭或限定网络服务，避免使用默认路由，关闭网络边界 OSPF 路由功能，采用安全增强的 SNMPv2 及以上版本的网管协议，设置受信任的网络地址范围，记录设备日志，设置高强度的密码，开启访问控制列表，封闭空闲的网络端口等
	DC3.2 安全策略	DC3.2.1 是否采用白名单方式，仅开通应用所需的数据通道	(1) 应检查访问控制策略是否使用白名单方式，是否存在源地址、目的地址或端口为空或 any 的情况； (2) 应访谈安全策略开放端口和协议的目的； (3) 应检查访问控制策略地址、端口配置范围是否过宽，是否对地址段、端口端进行了定义。如单条策略配置的源地址、目的地址或端口段未进行定义且范围大于 1 个，应访谈并检查是否有相关的设计、说明文档明确策略开通的目的； (4) 应该查看防火墙配置，明确访问控制规则是否应用到端口或者安全域中
	DC3.3 边界完整性检查	DC3.3.1 是否存在非法内联、外联行为	(1) 检查是否已采取技术手段防止非授权设备私自内联到内部网络（如网络准入系统等），并现场测试该技术手段是否有效； (2) 检查是否已采取技术手段防止内部网络用户私自联到外部网络的行为（如内网安全管理系统等），并现场检查该技术手段是否有效，是否有阻断记录； (3) 检查是否在管理上制定了禁止私自内联、外联的行为规定

续表

检查类别	检查要点	检查点	检查方法
DC4 操作系统	DC4.1 安全可控	DC4.1.1 检查并记录操作系统版本号	检查主站使用的操作系统是否为 Windows 系统
	DC4.2 身份鉴别	DC4.2.1 检查操作系统口令策略	(1) 身份鉴别信息应不易被冒用，口令复杂度应满足要求并定期更换； (2) 应修改默认用户和口令，不得使用缺省口令； (3) 口令长度不得小于 8 位，且为字母、数字或特殊字符的混合组合，用户名和口令不得相同； (4) 禁止明文存储口令
	DC4.3 安全加固	DC4.3.1 检查操作系统恶意代码防护和终端加固情况	(1) 检查厂站系统操作系统是否具有防止恶意代码软件功能，病毒库、木马库以及 IDS 规则库应经过安全检测并应离线进行更新； (2) 系统涉及的专用终端是否经过安全加固，加固内容不限于系统补丁、账户与口令、安全防护措施、日志与审计等
	DC4.4 主站安全防护	DC4.4.1 主站系统是否按照 168 号文件实现安全防护机制	联系厂家，现场查看加密卡/加密机安装、加密协议工作情况，检查用户卡是否一直常插在设备上
	DC4.5 子站安全防护	DC4.5.1 子站终端使用嵌入式操作系统版本是否存在安全漏洞	抽检部分配电自动化终端嵌入式系统进行漏洞扫描，检查是否存在安全风险
DC5 账号权限	DC5.1 责任落实	DC5.1.1 检查账号权限管理制度落实情况	(1) 检查相关制度文件、记录文档及审批记录文件，抽查运维人员询问制度及流程里的内容，检查是否制定账号管理相关流程、规定或制度； (2) 访谈运维人员是否清楚制度与流程内容； (3) 相关规定制度的发布是否通过信息部门、业务部门等的审批； (4) 是否有外来人员的工作权限及系统账号权限管理记录
	DC5.2 权限管理	DC5.2.1 检查账号权限的管理情况	(1) 检查是否定期开展账号权限清理； (2) 是否制定了防特权账号滥用的管理要求及应急处置方案

续表

检查类别	检查要点	检查点	检查方法
DC5 账号权限	DC5.3 监控审计	DA5.3.1 检查账号权限的管理是否有审计记录	(1) 检查应用系统、数据系统是否开启对特定操作的审计记录功能，如账号锁定/解锁、权限调整、业务报表导出等操作应有审计日志记录； (2) 查看审计日志覆盖是否全面，内容是否详细，是否有第三方日志审计系统对日志进行统一分析处理并生成第三方日志审计系统安全测试报告等
	DC5.4 口令管理	DA5.4.1 检查账号口令策略	(1) 上机检查安全策略及配置文件，检查口令设置是否符合数字加字母至少 8 位以上的复杂度要求； (2) 口令是否满足至少每三个月进行一次更新； (3) 操作系统、数据库管理员口令是否由专人管理，并定期更改口令； (4) 禁止明文存储和传输，口令须加密保存
DC6 通信协议安全	DC6.1 加密认证	DA6.1.1 加密认证	询问厂家，检查控制协议指令是否加密认证，可防止重放攻击

5.2.3　实例分析

以国网公司某单位配电自动化系统的主站信息安全管理为例，依据表 5-1 所列要求，通过访谈、实地检查、查阅资料的方式对各项内容逐条进行检查，发现的具体问题如下：

(1) DC1.1 电磁防护检查。根据检查表 5-1 要求，重要设备（SCADA 服务器、前置机、通信机）应置于电磁防护机柜或屏蔽机房内。检查中发现某机房内无法提供材料证明存放重要设备的机柜或机房具备电磁屏蔽功能。

(2) DC2.1 设备合法接入检查。根据检查表 5-1 要求，接入设备应具备调度数字证书。该单位在主站与终端安装了符合 168 号文件的遥控加密装置，实现了主站与终端间的加密通信，但是不具备调度数字证书。

(3) DC2.3 系统前置机安全检查。根据检查表 5-1 要求，主站前置机需应用安全加密认证卡。某主站前置机服务器为Unix安全操作系统，符合检查表安全要求，但未使用安全加密认证卡。

（4）DC2.5数字证书检查。根据检查表5-1要求，调度数字证书应有商机调度机构签发，签发数字证书应使用sm2算法。该单位尚未使用调度数字证书。

（5）DC2.7移动介质使用检查。根据检查表5-1要求，安全Ⅰ区、Ⅱ区服务器的USB端口应关闭，安全Ⅲ区应使用移动介质安全接入。该单位Ⅰ区、Ⅱ区服务器的USB端口并未关闭，Ⅲ区未禁止普通USB存储设备接入。

（6）DC2.8访问服务控制检查。根据检查表5-1要求，厂站系统应关闭E-mail、Web、FTP等网络服务。检查中使用了扫描工具对主站系统所在网段进行了安全扫描，发现主站系统网段中多台主机开放了FTP、HTTP、SMTP等网络服务。

（7）DC3.2安全策略检查。根据检查表5-1要求，访问控制策略应使用白名单方式，源地址、目的地址与端口均不应为空或any。该单位Ⅰ区正向隔离装置的访问控制策略未对端口进行控制。

（8）DC3.3边界完整性检查检查。根据检查表5-1要求，应采取技术手段防止非授权设备私自内联到内部网络，防止内部网络用户私自联到外部网络。该单位目前并没有有效的技术手段防止非法内、外联。

（9）DC4.3安全加固检查。根据检查表5-1要求，厂站系统操作系统应具有防止恶意代码软件功能，病毒库、木马库以及IDS规则库应经过安全检测并应离线进行更新。该单位操作系统均采用Unix系统，尚无有效的防病毒软件，且未安装IDS设备。

（10）DC5.2权限管理检查。根据检查表5-1要求，应定期开展账号权限清理，制定防特权账号滥用的管理要求及应急处置方案。该单位只有一次2014年账号权限清理的记录，且未制定防特权帐号滥用的管理要求及应急处置方案。

（11）DC5.3监控审计检查。根据检查表5-1要求，应安装第三方日志审计系统对日志进行统一分析处理并生成第三方日志审计系统安全测试报告。该单位尚未安装第三方日志审计系统。

5.3　配电自动化终端安全防护运维及管理

5.3.1　运维管理主要内容

配电自动化终端安全防护运维及管理主要应完成检查和处理以下项目：

（1）DTU 与主站之间的遥控报文需采用双向认证。

（2）每一种型号的 DTU 终端均应出具安全检测报告。

（3）DTU 与主站之间的遥控报文应实现加密传输。

（4）DTU 终端所有的空余网口、就地无线维护端口需全部封掉，仅保留维护串口。

（5）DTU 终端内，Web Service、FTP 等不必要的网络服务需全部关闭。

（6）DTU 终端的操作系统（若有）应具备防止恶意代码软件的功能，病毒库、木马库以及 IDS 规则库应经过安全检测并应离线进行更新。

（7）DTU 的嵌入式操作系统（若有）应经过漏洞扫描，以检查是否存在安全风险。

5.3.2　实例分析

以国网公司某单位为例，其配电自动化终端安全防护运维及管理的主要工作是按计划定期对配电自动化终端的信息安全进行分析，对在运终端进行现场抽查，并根据国网公司下发的信息安全检查表以及《关于加强配电网自动化系统安全防护工作的通知》（国家电网调［2011］168 号）和《关于印发电力监控系统安全防护总体方案等安全防护方案和评估规范的通知》（国能安全［2015］36 号）的要求进行逐项比对，梳理 DTU、FTU 终端存在的问题。

经过检查，发现的主要问题按设备型号汇总如下：

（1）PDZ821 型 DTU：弱口令登录；Telnet、FTP 等远程服务未关闭；DTU 终端为双网口，第二网口未禁用。

（2）iES-F30 和 iES-F50 型 DTU：遥控指令未加密；FTP 等远程服务未关闭；DTU 终端为双网口，第二网口未禁用。

（3）PZK360H 和 KDZ-360 型 DTU：弱口令登录；Telnet、FTP 等远程服务未关闭；遥控指令未加密。

（4）PRS-3300 型 DTU：不具备弱口令检查功能；Telnet、FTP 没有关闭。

（5）KD-100FD 型 DTU：遥控指令未加密；本地网口具备系统参数维护功能。

（6）T-2000I 型 DTU：未进行信息安全测试；遥控指令未加密；嵌入式操作系统未进行漏洞扫描；远程维护端口不可关闭。

（7）RTU-560 型 DTU：未进行信息安全测试；遥控指令未加密；远程维护端口不可关闭。

（8）DEP-9000 型 DTU：未进行信息安全测试；遥控指令未加密；嵌入式操作系统未进行漏洞扫描；远程维护端口不可关闭；DTU 终端为双网口，第二网口未禁用。

（9）GH-F306 型 DTU：加密装置稳定性需加强。

（10）HPU2300 型 DTU：弱口令登录；Telnet、FTP 等远程服务未关闭；DTU 终端为双网口，第二网口未禁用。

参 考 文 献

［1］ 郑毅，刘天琪．配电自动化工程技术与应用［M］．北京：中国电力出版社，2017.

［2］ 刘健，沈兵兵，赵江河，等．现代配电自动化系统［M］．北京：中国水利水电出版社，2013.

［3］ 宁昕．配电自动化运维技术［M］．北京：中国电力出版社，2018.

［4］ 曹孟州．供配电设备运行维护与检修［M］．北京：中国电力出版社，2011.

［5］ 郭建成，钱静，陈光，等．智能配电网调度控制系统技术方案［J］．电力系统自动化，2015（1）.

［6］ 冷华，朱吉然，唐海国，等．配电自动化调试技术［M］．北京：中国电力出版社，2015.

［7］ 张继刚．浅析我国配电自动化的现状及发展趋势［J］．城市建设与商业网点，2009（27）.

［8］ 蒋康明．电力通信网络组网分析［M］．北京：中国电力出版社，2014.

［9］ 韦磊，刘锐，高雪．电力 LET 无线专网安全防护方案研究［J］．江苏电机工程，2016（3）.

［10］ 卞宝银．变电站无线通信模型研究及应用分析［J］．电气应用，2015，34（13）.

［11］ 辛培哲，闫培丽，肖智宏，等．新一代智能变电站通信网络技术应用研究［J］．电力建设，2013，34（7）.

［12］ 周建勇，陈宝仁，吴谦．智能电网电力无线宽带专网建设若干关键问题探讨［J］．南方电网技术，2014，8（1）.

［13］ 汪永华，刘军生．配电线路自动化实用新技术［M］．北京：中国电力出版社，2015.

［14］ 谢希仁．计算机网络［M］．北京：电子工业出版社，2012.

［15］ 彭赟，刘志雄，刘晓莉，等．TCP/IP 网络体系结构分层研究［J］．中国电力教育，2014（15）.

［16］ 孙建召．OSI 参考模型与 TCP/IP 体系结构的比较研究［J］．才智，2010（1）.

［17］ 王海芹，汪生燕，边雪清．OSI 参考模型与 TCP/IP 协议模型的比较［J］．青海国土经略，2009（5）.

[18] 于新奇. OSI 参考模型与 TCP/IP 模型的异同及关联 [J]. 中国西部科技，2009 (27).

[19] 吴英. 网络安全技术教程 [M]. 北京：机械工业出版社，2015.

[20] 蔡皖东. 网络信息安全技术 [M]. 北京：清华大学出版社，2015.

[21] 彭新光，王峥. 信息安全技术与应用 [M]. 北京：人民邮电出版社，2013.

[22] 于晓聪，秦玉海. 恶意代码调查技术 [M]. 北京：清华大学出版社，2014.

[23] 薛静锋，祝烈煌. 入侵检测技术 [M]. 北京：人民邮电出版社，2016.

[24] 戴英侠. 系统安全与入侵检测 [M]. 北京：清华大学出版社，2002.

[25] 刘星. 计算机网络安全中防火墙技术应用研究 [J]. 网络安全技术与应用，2017 (9).

[26] Paul D Robertson，Matt Curtin，Marcus J. Internet Firewalls [J]. Frequently Asked，2009.

[27] NIST Special Publication 800-94 Rev. 1 (Draft)，DRAFT Guild to Intrusion Detection and Prevention Systems (IDPS) [J]. July，2012.

[28] NIST Special Publication 800-41 Rev. 1. Guidelines on Firewalls and Firewall Policy [J]. September 2009.

[29] 黄熙岱. 计算机网络安全漏洞及防范措施 [J]. 电子技术与软件工程，2019 (24).

[30] 王谦，潘辰. 基于大数据时代下的网络安全漏洞与防范措施分析 [J]. 网络安全技术与应用，2017 (2).

[31] Shubhra Dwivedi，etc. Implementation of adaptive scheme in evolutionary technique for anomaly-based intrusion detection [J]. Evolutionary Intelligence，2020，13 (3).

[32] 海小娟. 计算机网络安全入侵检测系统的设计与应用研究 [J]. 自动化与仪器仪表，2017 (10).

[33] 尹浩琼，李剑. TCP/IP 详解（第二版）[M]. 北京：电子工业出版社，2005.

[34] 杨家海，安常青. 网络空间安全拒绝服务攻击检测与防御 [M]. 北京：人民邮电出版社，2019.

[35] 施宏斌，叶愫. 安全技术经典译丛：SQL 注入攻击与防御 [M]. 2 版. 清华大学出版社，2016.

［36］ 徐焱，李文轩，王东亚．Web 安全攻防：渗透测试实战指南［M］．北京：电子工业出版社，2018.

［37］ 周建宁，季君，吴陈龙，等．朱梁多维度数据库安全审计设计和实现［J］．中国公共安全（学术版），2019（4）.

［38］ 刘笑杭．SQL 注入漏洞检测研究［D］．杭州电子科技大学，2014.